传 承

一种关系及其隐秘动力

张中锋 著

图书在版编目（CIP）数据

传承：一种关系及其隐秘动力 / 张中锋著 . —北京：机械工业出版社，2023.3
ISBN 978-7-111-71659-4

I. ①传⋯ II. ①张⋯ III. ①家族 - 私营企业 - 企业管理 - 研究 - 中国 IV. ①F279.245

中国国家版本馆 CIP 数据核字（2023）第 001300 号

传承：一种关系及其隐秘动力

出版发行：机械工业出版社（北京市西城区百万庄大街 22 号 邮政编码：100037）	
策划编辑：李文静	责任编辑：李文静
责任校对：张亚楠　张 征	责任印制：张 博
版　次：2023 年 3 月第 1 版第 1 次印刷	印　刷：北京利丰雅高长城印刷有限公司
开　本：170mm×230mm　1/16	印　张：26.25
书　号：ISBN 978-7-111-71659-4	定　价：199.00 元

客服电话：（010）88361066
　　　　　（010）68326294

版权所有·侵权必究
封底无防伪标均为盗版

序　言

传承的本质

家族企业传承的本质是权威的更替。权威者是秩序的制定者、资源调配权的拥有者，也是相应责任的担当者，他们在享有威望的同时，也要承受相应的压力。权威更替的过程，通常伴随着恐惧和挣扎，甚至剧烈的冲突，自古以来鲜有平顺的案例。这一直都是对人性最深的考验，无论在多大的系统里。

家族企业传承这个系统也不例外。权威在这个系统里会通过个人、家族、企业和社会四个方面体现出来。权威在个人方面的内涵是指，当事人对自我的独立完整性有清晰的认识和接纳；在家族、企业、社会方面的内涵是指，在相应领域里拥有对各项资源的秩序排定和支配权，以及威望。个人的自我权威是基础，其他三个方面既是对自我权威的体现也是对自我权威的丰富和确认。

由于家族企业是第一代创业者积累财富和社会资本（包括关系资源和声誉）的核心载体，所以，家族企业的创立者也往往自然而然地扮演着家族的权威。在我国，大多数第一代创业者都是因为当年严重的个人缺失感而开始自我奋斗，加上我国市场经济发展的特殊历史背景，既给了他们机会，也让他们的创业过程波澜起伏。企业家内心深藏的不安全感并没有因为外界公认的成功而消失，反而使他们对能在一定程度上平衡这种不安全感的权威身份更加依恋，而这种依恋又导致他们对权威让渡不自觉地恐惧。

这些家族企业的第一代，还有一个更大的不自觉是在家族企业传承这个议题上，其实他们是和作为继承者的下一代处于同一个起跑线上的，都需要学习和成长。

上述两个极其严重的不自觉，容易导致第一代企业家过于自信和对权威过度的使用。在家族企业传承这个议题上，一方面，第一代企业家反复宣称要下一代接班成为继承人，希望他们尽早担当大任，完成传承大业；另一方面，又表现为不能或不愿正视下一代作为一个成年人的独立完整性，在各种事务上表现出过多的干预。这也导致下一代在自然人格和职业人格上有强烈的压抑感，对上一代声称的"爱"和"保护"开始产生困惑，并选择以不同形式进行排斥或者抵抗。现实中选择逃离和消极听命的居多，个别人甚至会与上一代明争暗斗，希望取而代之。

事情的吊诡之处还在于，下一代的独立完整性得不到尊重，会给他们个人权威意识的建立制造巨大的障碍，而独立完整性正是下一代在家族、企业和社会领域建立新权威的基础。

当然，反映在企业经营上，第一代企业家也容易忘却，他们正是伴随着因自己失误而带来的各种挫折，才有了今天的成就。如今，他们却以怕下一代犯错为由而不敢放手，忘了不经由独立决策甚至失败的磨炼，下一代恰恰也难以成长的事实。同时，下一代的问题也往往出现在急于建立新权威，对隐藏于父辈内心的深层恐惧以及爱的表达方式不太理解。当然，这也包括对成为权威后承担相应压力的担忧。

首先，传承双方都要真切地意识到家族企业传承的实质就是权威更替。客观上，这是个此消彼长的过程。特别是对各自在权威这个概念里隐藏的恐惧，要学会面对和接纳，并彼此照顾。其次，双方对权威更替过程中的相关时机、节奏和幅度，要有自觉的检讨和校准，并找到合适的关系动力，去推动这种认知上的相对一致性。

做到以上两点并不容易，尤其是第一代企业家一定要意识到家族企业传承对自己也是全新的课题，需要学习和寻求第三方专业力量的帮助。好在企业家一旦意识到这个问题，采取行动的决心和能力正是他们身上早就拥有的素养。

传承七灯

作为一名企业家领导力教练，我对中国家族企业传承命题的思考，起源于八年前。我所服务的第一代民营企业家年岁渐长，面临企业交接班的重大命题。由于他们与接班的二代（参见本书"关键词例解"）存在大量认知上的差异，传承引发的相关困境也成了这些财富家族内部普遍存在的隐痛。于是，我用以我名字命名的"张中锋三原则"（参见本书"关键词例解"）对中国家族企业传承的命题进行了系统思考和梳理。

回到原点，事物的本质才会呈现。传承的本质是一种关系，而传方与承方对传承关系认知的一致性就是家族企业传承的原点。我把传承中的七大关键关系做了跨界交互，构建了我称为"传承七灯"（参见本书"关键词例解"）的家族关系动力理论。通过跨界交互的关系结构，我们可以清晰界定在这七种关系中传承双方可能存在的焦点障碍，而每次界定都是一次瞄准、一次聚焦，资源和力量的调配也因此更加有序和有效。

家族企业传承直接牵涉家族和企业两个层面，每一次传承格局的调整，家族和企业中的各种关系都会骤然紧张。传承的七种关系中任何一种关系的变动都可能导致人心的变化，从而导致规则和制度执行艰难，甚至被彻底颠覆。本书内容所涉及的问题与解决方案来自我多年来的实践经验，其底层逻辑正是"传承七灯"。

同时，传承是个长期的过程，不可能一蹴而就，要在这个过程中持续提供传承的底层关系动力，就需要有第三方作为伙伴持续同步工作。企业家需要这个伙伴既懂商业运作规律，具备长期教练经验，同时又了解中国社会文化背景，洞悉家族传承关系动力，从而扮演一个有理解力且可信赖的谈心人角色。也正是基于其重要性，我在本书中专辟一章来详细谈论传承教练的内涵及其工作方式。

需要特别说明的是，中国家族企业第一代企业家里有不少是杰出的女性创业者，而无论交班人是男性还是女性，也都有不少下一代接班人是年轻女性。本书在行文中，除了为专门说明父亲和儿子在传承中的特有议题之外，其他篇章所使用的"父辈"并不专指父亲一个角色，而是指家族企业的第一代企业家。另外，本书专辟一章来讲女性在传承中的特殊价值，并不意味着否认女性在有些传承事务中扮演着实际主导者的角色。

目 录

序 言

第一章　开启属于你的传统　　3

家族企业传承的核心驱动力是什么　　5
家族企业基业长青的能量源泉是什么　　7
如何让传统成为指导家族成员行为的明灯　　12

第二章　家族企业的代际关系动力　　19

企业家与子女关系的本质是什么　　21
传承中的代际冲突主要有哪几种表现形式　　26
为什么企业家会在传承关系里充满无力感　　30
如何看待二代接班的"宿命"　　35
作为最像父亲的儿子，如何从与母亲的对抗关系中
　解脱出来　　38
为什么企业家与最像自己的孩子发生冲突的可能性最大　　42
二代如何消除童年时期缺少父母陪伴的心理影响　　46
企业家如何扮演二代的导师　　56
如何解决"猜测与等待"的代际沟通模式　　61
家族成员如何管理自己的身份意识和职业边界　　65
什么才是家人真正地"在一起"　　71

第三章　传承关系中的隐秘动力　　79

二代如何切断对于上一代权威的过分依赖　　81

如何理解"对抗即学习"　　87

为什么有时候脱离反而意味着更深的联结　　91

如何看待第三代对上两代关系的影响　　96

二代如何善用偶像的力量　　102

二代如何善用"与内在自我的关系"　　108

如何破解代际传承中的"内疚情结"　　115

如何在传承关系中善用倾诉的力量　　119

二代如何面对创富一代复杂的个人情感历程　　123

什么是家庭问题模式的复制　　131

如何看待家庭成员之间的"了解"　　135

如何构建家族企业与社会之间的正向循环机制　　137

二代如何交朋友　　140

第四章　当家族的创富一代老去　　149

企业家如何面对创富过程中所遭遇的艰难和伤害　　151

企业家如何修复来自家族内部的创伤　　154

如何帮助企业家在传承关系中找到自我平衡　　161

企业家退而不休的心理演变过程是怎样的　　165

企业家退而不休的解决方案是什么　　172

企业家如何安然步入晚年生活　　180

如何应对家族企业的创始人突发人身意外的情况　　183

二代如何面对创富一代的老去　　187

第五章　二代接班家族企业的准备　　195

二代最需要的教育是什么　　197

如何面对二代的第二青春期现象　　201
　　如何看待交接班过渡期的长短问题　　206
　　二代如何进入真正的接班状态　　210
　　如何面对复杂家庭的传承难题　　214
　　如何看待接班人的"仁者能者"之选　　217
　　如何避免传承中子女"同根相煎"的局面　　221
　　二代如何善用与同辈人的关系　　224

第六章　二代成为家族企业领导人　　229

　　如何培养家族企业二代的领导力　　231
　　二代如何管理与家族企业各层级的关系　　236
　　如何对二代进行所谓的"挫折教育"　　240
　　二代的企业家人格能否后天养成　　244
　　如何理解二代接班后的守成心理　　247
　　二代如何面对逆境中的交接班　　251
　　如何善用企业治理机制为传承系统服务　　256
　　如何理解职业经理人在传承冲突中的立场　　260
　　如何看待二代接班后的新权威建立　　265

第七章　先家后业　　271

　　为什么每个成员的自我实现是整个家族和谐的根本
　　　保障　　273
　　有效的家族治理有哪些关键原则　　277
　　二代如何善用与家族内部成员的关系动力　　281
　　怎样才能让大家庭的气氛由冷漠变得温暖起来　　286
　　在制定家训家规的过程中，最容易出现的误区是什么　　292
　　如何看待"家丑不可外扬"的观念　　296

　　　　如何面对家族同辈共同创业的传承难题　　　　299
　　　　如何设计和运营家族公益基金　　　　303

第八章　家族中的女性力量　　　　309

　　　　如何理解和善用第一代女性在传承中的价值　　　　311
　　　　嫁入财富家族的二代女性如何更好地找到价值感　　　　317
　　　　如何看待家族企业危机中的女性力量　　　　323
　　　　如何理解婚姻中家庭系统的力量　　　　327

第九章　财富的责任　　　　333

　　　　如何理解财富的责任　　　　335
　　　　为什么"经历和体验贫穷"是培养完整财富观的重要手段　　　　339
　　　　如何在传承过程中善用"与财富的关系"　　　　343
　　　　企业家如何给孩子钱　　　　347
　　　　如何看待二代只是习惯了消费和赔钱的社会舆论　　　　351
　　　　如何理解二代经济独立与人格独立的关系　　　　355
　　　　如何理解俗话说的"三代出贵族"和"富不过三代"　　　　359

第十章　传承教练　　　　365

　　　　什么是家族企业传承教练　　　　367
　　　　中国家族企业为什么需要传承教练服务　　　　370
　　　　中国家族企业对传承教练的素养有什么特别的要求　　　　373
　　　　传承教练的服务成果如何评定　　　　375
　　　　家族企业的传承教练服务为什么难以普及　　　　378
　　　　是什么推动你成为一名家族企业传承教练　　　　381
　　　　作为一个家族企业的传承教练，如何开展工作　　　　383

关键词例解   **395**

    张中锋三原则   396
    传承七灯   396
    二代   398
    企业家人格   399
    公共价值   400
    尊重   400

后　记   403

第一章

开启属于你的传统

家族企业传承的核心驱动力是什么

企业是围绕生产效率而构建的现代组织，目的是满足没有被充分满足的社会需求，而家族的纽带是血缘，其目标是内部成员的和谐与幸福。企业作为家族的产业平台，创造财富的同时，也可以推动社会公共价值的建立，企业也因此成为家族传统的一部分。家族企业传承的核心驱动力是精神和财富的高度融合，即在企业健康可持续发展的同时，家族的精神之光也得以延续，两者相辅相成。

企业组织的存在形式和家族系统有本质的不同，它是现代组织，以生产效率为核心，要满足没有被充分满足的社会需求。家族系统的核心是血缘，以血脉与情感为纽带。因此，家族的利益更为一致，联结感也更强，它的目标是内部成员的和谐与幸福。

企业组织要比家族系统开放得多，更偏向于社会公器，因为它要借助更多社会资源完成生产，创造财富并输出公共价值（参见本书"关键词例解"）。公共价值回过头来滋养了家族传统，这份精神之光变成了家族遵从的标准，也增加了解决内部摩擦的可能性，使得家族更具凝聚力。祖先留下来的共同精神，让家族成员更有成就感和归属感，而企业组织通过恪守传统，也成为推动社会向前的企业公民。

企业这个载体为家族传统的开启提供了重要的内涵。传统既是影响企业向前发展的基本精神，也是照耀家族向前发展的精神之光。正是精神和财富的联结使得企业的传承成为可能，这使得我们更加爱惜企业，就像爱惜缔造企业的先辈一样。

传承过程中的企业无论选择何种治理模式，家族成员无论作为纯粹的所有者、实际控制人还是经营管理者，其最重要的内在动力都是回到物质和精神的融合，让企业能够得到更健康更可持续的发展，同时使家族的精神之光得以延续，两者相辅相成。

如果不能让企业很好地存在和发展，家族将失去对企业的控制权甚至所有权，这往往是家族分裂的开始。因此仅有祖训还不够，一旦失去了共同的物质来源让家族后辈持续分享，家族的联结感便会迅速减弱。

家族企业基业长青的能量源泉是什么

我们只有全然读懂和接纳家族传统的真谛，才有发起真正变革的可能，才能具备回应时代需求的能力。为此我们需要回到家族企业的原点，去重新辨析和感受"尊重"以及"传统"的真实含义，进而将"传统"中看不见的力量探寻和甄别出来，并让它持续绽放光芒。传统之光此时既可以安顿创业的第一代企业家"英雄暮年"的内心，也可以为后代构建出具备强大家族共识的行动原则。

日本高木酒造的第十五代传人高木显统，在25岁研发"十四代"清酒时大病一场，当他身体康复后，突然变得如有神助。据他后来回忆，原因是他在病中感受到了祖先的感召，一种家族系统的力量，以肉眼无法看见的方式萦绕在他身边，否则刚刚继承家业的他，无论如何也不可能在第二年就开启了清酒品类的革命。

酿酒是一个严格遵循传统的手艺活，你必须反复掂量不同种类的大米，亲自品尝酿酒的水，了解空气在不同时节的流动，早晨、中午和下午阳光强度的变化，甚至连对月光，包括对进过酒窖的人的气息给酒带来的影响你都要有所感知。最后可以做到基本上用鼻子一嗅，就能闻出酒里十几种不同层次的味道。

这些看不见的信息如何获取？唯有通过尊崇自己往上14代人缔造的传统，同时饱含对酒和生命的敬意。酿酒的一切构成都依托于自然的馈赠，所以酿酒师要培养对万物深厚的信赖和崇敬之心，而这其中无形的力量就是传统的精神。

传统是变革的土壤

传统精神容易流于表面，让后来者只学到个皮毛，例如模仿父辈走路的样子，甚至父辈的发型和说话的方式等。只有抵达本质后，人才会变得举重若轻。同理，中国财富家族的二代们如果触摸到了家族传统里的核心特质，个人创造力会被迅速打开，同时被激活的澎湃勇气将会为家族传统注入层次更为丰富的内涵，开启新局面。

这与我们日常的认知恰恰相反，传统绝不是把你禁锢在酒桶里，老老实实地埋头按老方法作业，而是让你知道木桶的边界何在。你要敬重木桶里的每一滴原酒,甚至尊重木桶本身。

如果对于传统的核心内涵没有达成共识,代际间的冲突将永不停歇。无论二代是顺从还是反抗,都会招致创富一代的厌烦,进而二代会陷入做什么都不被认可的境地,而创富一代自己也说不出负面情绪蔓延的真正原因。

深入剖析这个现象,我们会发现任何一个传统缔造者的骨子里,其实都流淌着变革向前的血液,否则他们不可能开启一个传统,而他们最喜欢的也是像他们一样的人。

我们还是回到高木先生的例子里,他是清酒界公认的革命者,可他的能量恰恰来自祖先的感召和智慧,正因为他接纳了传统的真实内涵,于是也就得到了这股力量的指引,让他创新向前。400年过去,人的口味、体质、饮食结构和水质环境都发生了变化,所以新一代继承者必须要像祖辈一样,根植并服务于当下,方能让酒带给新时代消费者无可替代的饮用愉悦感。

所以,我们尤其需要警惕的是只见传统的枝干和树叶,而忽略了其深扎于地下的根脉。

回到原点,安顿内心

我本人曾提出过解决问题的"张中锋三原则"。回到原点是第一步,也是其中最难的一步。就像我们这个时代都在

第一章

大肆宣扬尊重传统,那到底什么是传统?什么又叫尊重(参见本书"关键词例解")?这些过于常用乃至于令人感知麻木的词汇,恰恰是面对重大问题时需要不断辨析清楚的原点,可事实是鲜有人再往下追问,更鲜有人把这些词带回到当今社会的语境里,放到家族企业的第一代企业家群体身上。于是这些传统的缔造者,功成名就后,本来正准备迎接幸福的花朵飘落在自己头上,没想到迎面而来的更多是误解甚至嘲讽,最难接受的是,回头一看连身边的孩子们也都可能没有正眼看你,他们或委屈或压抑或不屑或逃避。

中国改革开放后第一代民营企业家,真正幸福的其实并不多,甚至有可能连孩子的赞成和支持也没得到,就这样一个人孤零零地跑到了高地上。这一幕让我想起了西班牙的阿尔罕布拉宫。13世纪奈斯尔王朝的穆罕默德一世,为了躲避军事压力,选择在一个易守难攻的山丘顶部建一座堡垒,他们秉持着对安达卢西亚强烈日照的高度理解以及对故土的怀恋,把这个军事堡垒打造成了一座光影的圣殿(参看《国家地理》视频"古代伟大工程巡礼:阿尔罕布拉宫")。任何内心充满恐惧的人,一旦进入这座建筑的中庭,看见阳光照射在底部铺满几何图案瓷砖的平静水池上,内心都会得到极大的安宁和照拂。

所以,我们一定要把什么是传统说清楚,然后让传统绽放它应有的光芒,最起码也要协助第一代企业家建造一座属于他们自己心中的"阿尔罕布拉宫"。这也许可以帮助他们面对内心恐惧,安顿自我并且让追随者也能在其中享受最大限度的安宁。

物质的财富无法带来内心的安宁，每当你高声夸耀完自己的功业，亢奋之余，很快就会黯然神伤，一个偶然的因素就会让夸耀之物灰飞烟灭。那么第一代企业家能够成功跨越无数险阻，靠的是什么？我们就是要把这股看不见的力量探寻和甄别出来，让它持续绽放光芒。只有对传统保持敬意，对企业家人格（参见本书"关键词例解"）所受的伤害生出悲悯，以及对企业家人格释放的创造力生出恭敬，并且帮助这个群体对熟视无睹的观念产生新的认知，传承才有可为的基础。

鲁道夫·施坦纳（奥地利哲学家，同时在建筑、教育和戏剧等多个领域有不凡的建树）设计建造的歌德第二教堂，奇异的结构和别致的内部用色，哪怕是到了现在，都会刷新你对建筑的认知，但你越看越会觉得建筑本来就应该是这个样子的。

我们也要做这样的事情，就是初看某个观念超越了你的经验，但最后发现这才是原点，会有一种深刻的"本该如此"的感觉。如果我们无法触及传承的实相和本来，传承就会无比难做，按下葫芦浮起瓢，问题接踵而至，传承系统中人与人的关系也会缠斗不止。所以，关于中国家族企业的传承命题，我们必须要开辟出一条新路，首先要完成的就是去掉想当然的思考，深入繁复的现实和系统的底层，去明晰其中的基本概念。唯有如此，我们才能切实地为这个群体去解决那些看似无解的难题。

第一章

如何让传统成为指导家族成员行为的明灯

传统犹如织布,每一代人都需要基于时代的需求去不断编织,使其变得越发丰满厚重,却又历久弥新。为此,我们首先需要看到企业诞生和发展背后祖辈的起心动念是什么,接着通过家族史的专业记录和撰写,构建成员间的记忆共识。

你见过农村的大织布机没有?下面是踏板,脚一踩织线就会往下拉,线挂在两头尖的梭子上,人手正好抓住梭子,然后从左手传到右手,来回穿梭,咔嚓咔嚓布就织出来了。传统的"统"字,丝字旁加一个"充","充"的本意是长、高、满,合起来理解就是把丝线织满的意思。

织布蕴含了手艺人的心血和巧思,比如同样是要织出红白色纹路的花朵,但用来做衣服的线的材质和织法就同做布兜的不一样。棉布通常很粗很厚,上面还会有小疙瘩,那怎样才能织出更细、更薄、更光滑的棉布呢？这里面其实藏着一个看不见的发心——为了穿着上更舒适。那么接下来就需要甄选棉花的品种，棉丝太短了容易断，起球的也不能要，后来人们终于在新疆等地发现了一种长棉，棉丝很长却不容易被拉断。

第一个念头

就像第一代企业家创业之初，热情之火的点燃往往来源于一个简单的念头。实际上，任何一个产业的开始，都是为了填补人类没有被充分满足的需求。这种需求可以是一种需要被释放的情绪，也可以是身体的需要。满足背后是企业家对生命的尊重，以及对人性的深刻洞察，而这个第一推动力日后就会演化为企业的传统精神。

传统是一卷布，展开来看有各色花纹以及不同的密实程度和光泽度。一个家族的终极目标是什么？其实就是让子孙后代愿意将这块布继续用美好的方式编织下去。

因为想让人们穿上更加光滑细腻的衣服，于是先辈们千辛万苦找到了特种棉花，然后织出了世界上第一批高支棉衬衫，其稀缺性让产品变得供不应求，织布机很快由一台变成十台，全家人出动，人手还是不够，于是号召村里的邻居和亲戚朋友也加入，最后家庭作坊演变成了一个中小型织布厂。父亲管理棉花运输，原材料供应由二叔负责，妈妈则负责产品质量的稳定性。一步步往前走，规模扩大化和产品多样化过程中遭遇的困难及其解决之道就是传统的内涵，比如新疆突遇冰雹，原材料供应不上，家族就被迫面临艰难的选择——是用品质差一点的棉花与原来的存货编织在一起，按原价卖，还是直接放弃订单。

企业渡过难关后进一步发展，产品从家乡卖到了全国，最后发展到了海外，这意味着企业家的雄心在一路壮大，四面八方的荣耀也在为企业家加冕。如何对待贪婪和虚荣，这对于家族又是一次重大的考验——是选择安守本分，还是盲目扩张。这都是商业史不断上演的真实情节。

谈到这里，你应该能够意识到在商业进程中，每一个关键节点都与企业创始人的精神息息相关。表面上看企业都有自己简单或复杂的商业模式，但无非都起源于企业家一个又一个的念头，而这些念头既是人心的多次选择，也是充实家族传统内涵的诸多机会。

爱马仕家族从做马鞍起步，他们信奉的是坚守业内最高标准，如果手上没有最好的皮料，生意宁可不做。随后家族又把做马鞍的精神延续到了制作丝巾和皮包上，它今天能够立足于奢侈品金字塔的塔尖，靠的正是严守传统的精神。

记忆共识

精神构成相对无形，后人如何捕捉乃至习得精神，真实获取它背后的故事就显得尤为重要。黑泽明的电影《罗生门》表达了一种现象，就是同样在场的一众人等，在回忆同一场景时会有不同版本的故事出现。创富的一代企业家如今站在成功者的位置，会很容易略过对无能为力的场景的讲述，强化和渲染自己战胜命运的能力，而当故事在岁月中，经由饭局和采访等场景被讲述无数遍后，最后剩下的会是那个最适合自己的版本。对这个最适合自己的版本，绝大多数的时候，创始人都能一字不差地讲出来，也可以说是背诵出来，而且每次他们都还能饱含深情地回到耳熟能详的故事里，强化自我认知的稳定度。

基于以上背景，家族史要解决的核心问题，用一句话概括就是"家族成员关于家族过往的记忆能否达成共识"。传的前提是对传统的认知趋同，那么，首先共同记忆就要接近。如果有相互矛盾的地方，我们就要发现它，然后去研究矛盾的产生是因为视角不同，还是当事人记忆确实有出入，进而对虚假的部分进行辨析。这个工作非常复杂，却是所有工作的开始。

记忆共识是开启家族未来的根本。事实上，下一代在父辈创富的过程中，就传统这件事来说，已经扮演了一个长期参与者的角色，接下来我们要让创富的第一代企业家处在安全的情况下去勇于面对，澄清、确认，最后把整个家族的初步共识写下来。

第一代企业家之所以逃避对于某些记忆的讲述，某种程度上是因为他们在创富过程中受过不同形式的伤害，但是只有从伤害中汲取力量才可以将伤害转化为传统中闪光的部分，以避免再次发生类似的事情。只有对同类型的问题反思足够深入，并保持觉悟，我们才可能以一种新的方式将其写进传统。这一方面化解了他们的伤痛感，另一方面也会成为正向的能量点亮下一代，这就是我们所做工作的价值所在。

所以，家族一定要梳理过往并在其中找寻今天的立场，从而找到未来如何行动才能产生最大力量的途径，其中更关键的是这对家族接下来的几代人也都会产生深刻的影响。目前，我们所有教练工作的目的，都是让第一代与第二代人找到双方都相对舒适的关系，进而能够相互推动，并肩前行。

除此以外，当事家族还需要拿出至少十年的时光持续跟进，不断检查、测试、辨析传统的成形过程，并配合家族发展的不同节点，举办感恩家宴、家族故事会这些带有仪式感的家族活动来一次次点亮传统之光。

第二章

家族企业的代际关系动力

企业家与子女关系的本质是什么

父母与子女的关系是一个经久不衰的命题，放在中国家族企业的传承进程中，这个命题却又是全新的。父母对下一代童年时期陪伴的缺失，以及代际鸿沟的存在，导致两代人对于同一个问题的认知有着巨大的差异。再加上传承的本质是权威的更替，对此极为敏感的家族企业的第一代企业家，会有不安全感甚至恐惧。传承教练的重要工作之一，就是用教练的手法，为处于极具张力中的代际关系提供动力，促进两代人的互相理解和接纳。

在中国家族企业传承的范畴内谈代际关系这个命题具备其非寻常性，因为它表述的是一个成功者与出生在成功者家庭的子女之间的关系。即使仅仅是这样表述，也常常会让后者感到不舒服。他们并不希望这样被认定，而作为创富一代的父辈也会对他们的不舒服感到错愕。所谓非寻常性，反映在具体问题上，尤其是在对婚姻、财富、继承、创业，以及公益等事务的看法上。

不在当下的沟通

时代造就了这一代杰出的中国企业家。在下一代的童年时期，父辈大多都在艰苦创业，很少有机会与他们在一起。当他们进入青春期，开始产生自我认知，形成人生观、价值观和世界观的时候，通常又会在海外接受教育，而这又往往是上一代缺少的经历。

对同一个问题在认知上的巨大差异，加上缺乏有效沟通的模式，导致关系双方都无法看见真实完整的彼此。在代际关系里，互相看到的都是对方很小的局部，往往还都是记忆中的彼此，很难真正处在当下，也就是说，双方都只是在与过去的记忆做沟通。

此外，身为成功企业的领导人、无数荣誉加身的社会公众人物，父辈很容易处在自我肯定的舒适状态中与下一代进行对话。但孩子的记忆此时往往停留在儿时缺少陪伴的孤独感里，对于与上一代的思想交流十分陌生。而且，新一代有着全新的知识背景，他们认为上一代的成功模式也并非不可动摇或独一无二。同时，他们也认为自己和上一代一样是独立的个体，希望能寻求到一种成年人之间的平等关系。这些因素胶着在一起，双方就无法进行真正意义上的有效沟通。直到矛盾显化或者升级到不得不重视的阶段，他们才会回过头来认真反思问题，并寻求解决方案。

权威的更替

传承的本质是权威的更替。这意味着资源的调配权和社会名誉的转移，也是造成家族企业代际关系复杂的重要原因。

家庭中父辈的权威意识原本就非常强，而对于企业家，权威更具有多重性，他们既是家族的权威，又是企业组织的权威，还是社会公众舆论里的权威。权威可以带来强烈的自我成就感和价值实现感是不言而喻的。这是人性，难有例外。

然而，权威的更替又是必然趋势，就像儿女也会成长为父母一样，家庭中也存在这样的权威转移。而权威更替在代际关系中比在其他情况下更加复杂和艰难，不同于组织中的权威更替可以依循制度和规则，父母子女之间，通常情理远远大过制度的约束。

父辈们需要了解，子女在小时候是父母的一部分，青春期自我意识开始觉醒，并与父母出现第一次分离；而大学毕业后的子女，又会出现"第二青春期"（参见本书第五章"如何面对二代的第二青春期现象"）。对于创富的第一代企业家（简称创富一代）而言，孩子"第二青春期"每一次的拉扯和矛盾实际上都在提醒着他们，无论家庭、企业还是社会层面，自己的权威最终会让渡给下一代，而这会引发他们深层次的不安全感甚至恐惧。

第二章

亚权威的挑战

家族企业中的代际关系是很微妙的，一直以来，创富一代都是绝对的权威，焦点中的焦点。儿女加入企业以后，不断实现成长和突破，这本是创富一代的期望，可是这时候亚权威也出现了。企业里的人好像看孩子的眼神更热切，听他们讲话时鼓掌更热烈，平时找他们吃饭的人也好像更多，似乎在他们身边形成了一股独有的势力。这时作为创富一代的父辈心里面好像有一种声音冒了出来，但又无法言说。实际上，他们就是感受到自己的权威受到了挑战。

创富一代接下来的动作有些是下意识的，他们会在显性的意识里找一些能够公开的理由，比如孩子还不够成熟、观点还很幼稚，应该再去一线锻炼锻炼。这些其实是潜意识引发的行为，是对亚权威快速成长的一种抑制或者打压。这些表面上的理由能够公开，也挑不出错，只是并不纯粹。上一代怎么会承认自己是因为权威受到了挑战而感到不安呢？对于一个杰出的成就者来说，否定自我价值，或者承认自己正在丧失控制权，这太难了。

理解和接纳

如果父辈与子女之间相处的状态是尖锐的，每个人都会没有安全感，各自都会一直处于汗毛竖起的警觉状态。在这样紧张的状态下，相互攻击就会在所难免。

事实上，只有双方保持对彼此的理解，关系才会被祝福，也才会健康。个体的成长越完整，个体间的关系才会越完整和真实，也才会有力量并可持续。在父辈与子女之间这种极具张力的传承关系中，需要有专业第三方的介入，以便促进个体找到真实完整的自己，并为他们之间的关系赋予适当动力。

第二章

传承中的代际冲突主要有哪几种表现形式

中国家族企业第一代企业家与下一代在爱的表达方式上存在认知误差,这导致两代人的冲突几乎无法避免。冲突的形式通常表现为这样五种:第一种是二代(参见本书"关键词例解")表现出的第二青春期现象;第二种是两代人同时产生了内疚情结,以至于要放弃这段关系;第三种是二代滋生出自卑与羞耻感,通过极端行为报复父辈;第四种是父辈教育二代的自信不断被打击,隐性冲突由此层层升级;第五种是父辈同代人之间冲突的连带影响,令二代无从选择,进而被卷入争斗的漩涡中。

第一种是二代会表现出第二青春期现象,以一种叛逆的方式和父辈产生冲突。只不过这一次是以从校园到社会的不适应为基础,二代有强烈的独立诉求,想摆脱此前由父辈安排一切的路径依赖，因此对以就业和婚姻为代表的这种重大人生命题，对父母的意愿表现出叛逆。

第二种是两代人虽然在接班问题上达成了意愿上的共识，但在付诸行动时，下一代急于做出成绩又觉得自己能力不够，唯恐辜负上一代的期望而产生内疚，同时畏惧和上一代沟通，长期处在紧张和高压的状态；父辈因为对二代童年时期陪伴的缺失，所以急于赋予其事业平台，以便孩子在自己的陪伴和护佑下茁壮成长，却看到孩子如此压抑而焦虑，从而生出深深的负疚感。直至双方都感觉无法承受这份内疚带来的心理压力，产生放弃这种关系的念头。

第三种是二代在成长过程中，强势的父辈一方面利用各种累积的资源为二代安排好一切，另一方面又流露出对二代能力不足的不屑和指责，导致二代在成年后一直带着深深的自卑感，同时，他们也会因为自己对上一代长期且优于一般人的物质给予产生依赖又难以摆脱而生出羞耻感。自卑与羞耻，这种双重心理困境，导致二代要么表现出想证明自己的激进行为，一遇到挫折又深感无力，被挫败感包围；要么自暴自弃，继续疯狂索要，很难有正向的存在感。于是，二代会以各种方式做出自我伤害。二代这种对上一代潜意识上的报复行为，自然会引起上一代的关注，导致双方冲突不止。

第四种是二代很崇拜父辈，也愿意接受父辈的安排，但一到真实的工作和生活场景中，却很难管束自己的行为，容易和周边环境发生冲突，危及企业和自身的声誉，甚至危及他们自身的身体健康和生命安全。父辈自然会愤怒，甚至生出恐惧和悲凉感。二代一方面害怕面对父辈可能"废掉"自己的决定，一方面又抱着侥幸心理——无所不能的父辈既然可以搞定这一切，也会原谅自己。一旦没有被"废掉"，他们又会重蹈覆辙。二代对自己"重新做人"的诺言不能履行，上一代对自己的安排和教育效果充满挫败感。这种隐性的冲突会一轮一轮升级。

第五种是父辈同代人之间的冲突带给二代的连带影响。二代往往一开始表现为对自己眼中弱者一方的同情，以及对强者一方的索要甚至挑战，很快又会发现已经成年的自己并不想成为弱者一方这样的人，最后和这个本以为的"同盟"也无法很好地相处。已在冲突中的上一代又都以自己的立场、用自己习惯的方式争夺二代的爱，导致二代左右为难、纠结彷徨。这种无法自洽的困境很容易导致二代对上一代生出怨恨，并卷入冲突。

冲突的破坏性显而易见，现在让我们来看看冲突里的机会。如前文所说，冲突的根本原因在于两代人对爱的表达方式有认知误差，特别是二代成年后对自我人格独立的诉求不能为父辈清晰了解，更加剧了这种误差。

无论是主动还是被动，无论经历多少挣扎，冲突都蕴藏着潜在的机会：二代独立人格的完整性会经由"我来决定"这个意识和行动得以成全。二代正是在这个冲突中经历风险，被迫在事实的呈现过程中反观自心、激发潜能，并因此具备了审视自己和上一代的内在联结的机会与能力，开始建立与上一代进一步对话的人格基础；同时，这种关系的特殊性，客观上会让更多家族成员卷入冲突中，这会让局面变得更为复杂和紧张，也会让二代对家族关系有更全面和深入的认识，经由这个过程，二代对家族的归属感以及服务家族的意愿也会更强。而上一代也在这个冲突中看见了自己的局限和空前的脆弱，被迫重新打量这个至为亲近的关系，看见二代超越自己的可能性，为正常对话（而不是一贯的训话）做好准备。

第二章

为什么企业家会在传承关系里充满无力感

无力感实际上是失去弹性的一种表现。无力感并不是无力,而是用了力,但没产生任何效果,类似用手去拍一个根本不会弹起来的皮球。

父辈无数次试图对孩子施力,可对方始终不符合期待,直到最后父辈濒临绝望,这时他们会出现两种做法:放弃或者打碎。放弃的背后是逃避心理作祟,打碎则源自不甘心。两者都是对无力感的反抗和挣扎。

"我需要"

现在我们来探寻一下无力感产生的原因。身为企业家的父辈通常对于孩子都有着超出常人的期待,因为他们自己就是世俗意义上的杰出人物，于是下意识地会认定下一代的成就不会低。"我需要孩子成为人中龙凤"，正是这个"我需要"覆盖了孩子自身的需求及其真实的潜质。

企业家的最大特质就是拥有将自身需要变成现实的能力，所谓平地起高楼，在普通人认为不可能的地方他们能建立起一个王国，对教育孩子也是同样的道理。所以，对有些企业家来说，与其说他们爱的是孩子，不如说他们爱的是这个"我需要"一次次成真的体验，而这也可能是家族企业第一代企业家在亲密关系里最大的盲点。随着"我需要"的意志不断遭受挑战，父辈在动作上会表现为越抱越紧，但其实从始至终他们拥抱的都只是他们自己，孩子却离他们越来越远。

下面我们从孩子的角度来看看，这份"我需要"为何在他们身上难以实现。一个人在不断成长的过程中，心理需求也在持续发生着变化，这是自我趋向完整的必经之路。父辈所说的"我需要"，只是契合了孩子在某个阶段的自我认定，那时孩子也许积极响应了他们，甚至说过"爸爸（妈妈）是最了解我的人"。

曾经运转顺畅的关系，如今对方再无响应，身为企业家的父辈就会有一种失控感。当父辈用尽全力拍打皮球，但发现皮球依然毫无弹性时，内心就会处在一片灰暗之中，一种"我错了"的感觉便弥漫开来，而这恰巧又是第一代企业家英雄人格里最为脆弱也最不为自己接纳的部分。

第二章

父辈此时的内心对话，或多或少类似于如下的描述："我是你爸爸（妈妈），而且还不是普通的爸爸（妈妈），我把事业做得如此辉煌，备受尊崇，你是我的孩子，我怎么能不了解你，不爱你呢？所以你如今这般封闭地对我，你就是个不忠不孝的逆子。"

至亲的否定

成功的企业家完全无法接受自己有这样的一个孩子，这是无力感的根本来源。于是他们心里会开始被这样的念头所缠绕：我创造的辉煌伟业还可以长青吗？我能被持续仰望吗？

来自孩子的态度和行为，会一次次地验证创富一代的危机感，譬如家族企业虽然是全球不锈钢龙头，但后代既对巨额财富完全提不起兴趣，也对钢铁行业无感，反而更愿意去当一个赛车手，或者去农村开展农业科技创新试验；另一种情况是对第一代企业家创业的历程和商业逻辑并不认同，认为那无非是时代的红利。这两种情况都会让第一代企业家有溃败感，进而认为基业无法永续。

上一代的内心通常都有一个强烈的暗示：我奋斗一辈子，还不是为了你们这几个孩子？反过来说，在潜意识中他们认为自己缔造了一个王国，而后代又是最终享受这些荣华富贵的人，因此孩子对待他们的这种态度无论如何都是不能被他们接受的。

对于任何成功人士来说，最为恐惧的就是遭遇连根拔起的自我否定，同时，来自家族至亲的打击往往也超出了任何外部挑战带来的打击。一直以来，企业家群体的最大优势就是具备反脆弱性，他们能将自我人格与职业人格统一，以企业家的身份去识别、选择、调配一切可资利用的资源，为极具挑战的目标服务。但是面对子女这样特殊的亲情关系，创富一代很难一直处在理智和清醒的企业家人格（参见本书"关键词例解"）中，进而不得不在父亲（母亲）与企业家两个角色之间来回跳跃。一旦回到父亲（母亲）的角色，创富一代就开始变得特别无力，因为企业家惯用的领导和管理方式在子女身上都失去了作用。

与此同时，上一代经常会混淆两个概念，即"我需要"和"孩子需要"的区别。孩子可能是潜在的量子物理学家，抑或二十多岁就有望成为优秀的导演，完全对企业这一套无感。而父辈的盲区也正在这里，他们看不见孩子的自身诉求，只是一味地抱紧自己的需要——自己亲手缔造的辉煌必须有人接续下去，从而让自我的生命和意志得以永续。但在沟通过程中，他们会反复将自己的需要传递成这是孩子的需要，对方当然会把内心的铁门关上。但上一代还是不服气，就是要让孩子懂得自己这份心情，他们把自己抱得越来越紧，情绪和行为越发急切，而孩子感受到的则只有控制和压力。

第二章

转念之间

通过以上辨析，我们可以看得很清楚，问题的根源来自上一代的执念，解决方案很显然潜藏在转念之间，可转到哪里去呢？答案是，转到我们一直强调的家族传统之上。传统需要不断更新、延续、向前，也就是要允许后代不断赋予其内涵以新的意义，令创新与变革发生。

当第一代企业家这样去理解传统，就会基于了解去信任孩子，并开始从头打量孩子一路以来的成长，看见其生命中的可能性带给家族的价值和意义，下一代也会觉得父辈尊重了自己。唯有如此，第一代企业家的意志才能得以更好地贯彻，否则"我需要"带来的反馈就只能是无力感。

两代人之间构建起这样的关系之后，第二代人会给他们的下一代讲述家族传统形成和延续的过程，这会由许多具体而微的互动故事构成。譬如，第二代人会主动要求自己的下一代尊重爷爷，让他们意识到没有爷爷，就没有自己现在看到的这些美好，也就没有如今融洽的代际关系。它的微妙之处就在于，当第二代人如此庄重和用心地讲述家族故事的时候，正好为下一代树立了典范，随后下一代也会将这样的故事告诉他们自己的孩子。这就是传统的模型，如织布机般，织出一个又一个方格，带着开放的活力绵延向前。

如何看待二代接班的"宿命"

事实上,接班不接班不是问题的关键,不迁就才是关键。基于如实认知的不迁就,是基于尊重的允许和接纳,是传承关系的原点。

交接班的实质是组织权威的更替,而这一点往往是交班者难以逾越的坎儿。因为曾经的严重缺失,因为曾经的艰苦卓绝,让他们放弃控制,自然一如得来成就之历程般万分艰难。权威的本质是终极责任的承担,而这一点又往往是接班者最大的心理障碍,因为这一代的大多数接班者独立承担重大责任的经历太少了。接班者既担心交班者插手过多,又担心自己无法承受独担压力之重,更害怕祖业在自己手上出问题,从此人生煎熬难当。

其实,比这两者都难的是交接班双方之间的如实认知,它影响着双方有效沟通的能力。这里有一个防不胜防的陷阱:双方不由自主地会一上来就以家族身份对话,而非首先基于尊重对方作为独立个体的身份去用心倾听。

于是接班不接班的决策基于彼此的"迁就"不在少数，这当然不是好的结局。"迁就"带来的隐患终会在未来某一天显现，如同鼓包的车胎，容易中途爆破，危险程度可想而知。

任何关系的原点都是让关系各方成为真实完整的自己，这也是让关系健康并可持续的保障。真实是指，要敢于面对自己和关系中他者的缺失或者不完美，也要接纳关系本身的不完美。无论个人还是关系本身都是动态发展的，所以只有面对不完美，才有改善的可能。更重要的是要正视问题和缺失，才会有接纳，接纳之后才有善用这个问题或者缺失的能力，因为真正的接纳意味着对恐惧的克服。于是，这个问题或者缺失就不再有负向的力量，反而可以成为尊重关系中他者的心理基础。不但自己会恭敬谨慎，升起谦卑心和惭愧心，也会邀请关系中的他者来帮助自己弥补不足，这恰恰有可能带动关系中的另一方检视自身、守好本分，共同推动关系朝着同一方向良性发展。

只有真实才可能完整。看见真实，并从心理上接纳它才可以获得完整感。这个完整感会给自己带来全新的力量，包括积极的自我肯定感和自我突破的成就感。完整比完美重要。完整可提供趋向完美的动力，正是这个动力让关系持续健康生长。过程中即使遭遇各种问题，关系各方因为没了隐藏自身问题的恐惧，内在的对立感也可以降到最低。如此，正能量流动其间并形成正向的循环。这个基于关系各方先成为真实完整的自己而形成的妥协，才是真正意义的协同。这当然不是迁就所能比拟的。

再强调一遍，这里的核心逻辑是，勇于面对并看见缺失的生成原因，才有可能接纳自己的不完美。当然，这也是最困难的一步。

如果当事者能邀请到专业的独立第三方给予支持，自然会加快行进的步伐。作为一名传承教练（参见本书第十章"传承教练"），我曾多次主持不同形式的两代人沟通现场。这些杰出的个体都极易被经久固化的沟通模式淹没而不自知。泅过这条河之艰难超乎想象，好不容易到达对岸获得"原来如此"的真实感后，也同样面临另一种难以承受之轻，内心真正的释然和自觉的坚定行动仍需要相当的时间去调适和落实。好在到此"实相"已现，不管怎样，双方还是会选择理性的不迁就。

不迁就，才有真正可期的未来。如实认知，回到原点，这才是正道。真切地希望两代人一起了解并完成这个交接班的内在流程。

第二章

作为最像父亲的儿子,如何从与母亲的对抗关系中解脱出来

家庭系统内部点对点的矛盾,必须经由家庭系统自身的力量来解决,儿子和母亲的关系也不例外。在系统外寻找亲情的替代品,只会进一步强化分离感,唯有成为系统中爱的引发者,根本问题才会得以解决,同时"天道好还",引发者自身也将成为最大的受益人。家庭生活是最好的个人修行场景,平日需秉持专注的意念,做好自己的分内事。我们只有不断向内探寻和安守本分,才会拥有面对困难和解决问题的智慧。

当事者必须通过整个家庭系统的力量来解决系统内部点对点的矛盾,不管是对存在于代际还是同辈之间的问题,这都是最好的方法。因此,作为儿子这一方,要联合家庭里的其他成员,营造出新的家庭氛围,让母亲沉浸在这个新的氛

围里，对抗就会自然消解。

利用家庭系统的力量

在父亲是创富一代的这类家庭中，母亲其实往往是在为她自己的家庭地位做抗争，而她对此并不一定了解。她在最初的夫妻关系里也许是个强者，带着原生家庭的强大背景。时光流转，父亲越来越成功，母亲的家庭地位却逐步在变弱，而这种变化就容易导致她跟家庭中的后代，尤其是特别像爸爸的这个儿子开始对立，以此再次寻回主导感。父亲对此并不了解，所以也谈不上成全。这就成了这种家庭内在的纠葛。

男人生命中寻找的异性依靠在潜意识里往往都是母亲的象征。如果跟妈妈断开联结，就不会有幸福感，作为儿子，他的内心将无处着落，只能一直漂着。爱是可以收纳一切的地方，一个完整的地方，所以，最省力也最稳固的方式，还是回到家庭这个系统中来。在系统外找，只会让自己的痛苦期延长，漂浮感更强，而回到系统中，一切就会变得比较真实，这种真实感给作为儿子的人带来的完整感是自足的。

我们解决家庭里点对点的关系问题的方式都是同理，整个系统的秩序必须先要顺畅，然后一切才会正常，这是最根本的解决之道。

第二章

浪花和大海

在这类家庭中,根本上来讲,母亲与儿子的对抗其实是她与自己的对抗,因为她面对这个家庭系统没有安全感,跟这个系统是割裂的,只能拼命地捍卫臆想中的自己。事实上,她跟系统的联结感却越来越弱,就像抛离的浪花因为分离而孤独,回到海里,它就拥有了整个大海的力量,当然平静。所以,当儿子唤醒整个系统来接纳母亲的时候,她就不较劲了,因为没有必要。她不会有什么特别的感觉,甚至不觉得自己发生了什么改变,因为对抗的对象消失了,所以她内在的撕裂感没有了,也就自然而然地融入了这个系统,而谁成为这个系统和谐的自觉引发者,将来整个系统的光辉也会更多地归于谁。这不是儿子想要就能要来的,而是这个系统内在的力量。所谓"天道好还",这个规律是不可更改的。

专注的力量

凡事都要放慢脚步,并回到自己身上。如果没有真正理解自己,就会拼命向外寻求肯定。

作为儿子,要把自己安放在当下最重要的工作上,把精力尽可能地向这件事倾斜;还要通过日常的修养,让内心的波涛停下来。制心一处,几百个念头就会像水里的杂质一样沉到瓶底,水就会变得透亮,当事者就会归于清明和定静。

当然长期做什么都不容易，回到家庭系统和内在自我，这对当事者来说，刚开始看上去都会有点儿麻烦，感觉什么也抓不住。这是一个由不习惯到习惯的过程，但只要开始持续往里走了，就会发现一个极其充裕的自己，而看见自己越多，自主感就会越强，当事者也就不再需要别人不停地来肯定自己了。

面对关系里的自动化模式，例如母亲某一句话又激怒了儿子，此刻如何让这个念头不要再延展下去，变得一发而不可收？如果平时没有进行存养和定静的练习，这个时候情绪一上来就把人淹没了。日常的修养看似一无所得，但其实是向内不断净化的过程，内心的明亮正在不断地扩大地盘。其实，看不见的力量才是最大的力量。

在过程中，我们的期待性不要过强，而是要持续培养专注当下的能力。这是一个缓缓向上的过程，每到一个阶段都会有每个阶段不同的感觉。所谓一步一风景，走到一定高度，自然会有一个新的风景出现。

第二章

为什么企业家与最像自己的孩子发生冲突的可能性最大

家族企业的第一代企业家往往以"听话"来要求孩子,但骨子里又知道只是听话难以驾驭企业这艘大船。与此同时,他们跟与自己性格相像的孩子的冲突往往最为激烈,而这样的孩子恰恰蕴藏着卓越领袖的特质,可父辈身为企业的唯一权威,却又会天然地将其视为挑战和威胁。现实中的接班路径远不止单纯承接企业的领导位置这么简单,这也使得家族成员在一次次的代际冲突中,有机会直面各自的真实面目,同时发现并且开始善用家庭系统内有关"在一起"或者"爱与尊重"的真实力量。

第一代企业家的群体以英雄人格居多,例如杀伐果决、享受面对压力等,并且这些特质越到晚年越激烈,但他们骨子里还是喜欢跟自己相像的人。不过,与此同时,作为在位的唯一权威,一旦第一代企业家觉得地位受到下一代的挑战,内心也会不由自主地开始纠结。

这不是短时间可以意识到的困境,即使意识到,也不可能马上脱离。在真实生活里,这种困境通常伴随着非常多的不愉快甚至灾难性的事件。他们有时候只是一念之差,就会驱逐与自己最像也对撞最激烈的孩子,可是过后内心又会非常痛苦。

这个问题的吊诡之处在于,创富的第一代企业家很容易忘记当初自己跟孩子相同年龄时的样子,反而经常会以一个经过磨砺的人作标准,来对比当下孩子的状态。事实上,弱点一旦被放大,便会失去极为重要的客观性。当事人很难去问自己以下问题:创业之初,自己的短板是什么?那时的社会环境如何?现在的市场竞争环境又如何?新一代身上拥有什么我没有的特质?

对撞中的深刻学习

另一个事实是,二代从父辈那里通过对撞来学习,往往收获得更多,也更真实,这是一个非常微妙和不易被人发现的秘密。这恰恰是传承中的一个要义,也是将来新权威接任,吸纳上一代的精神之光,塑造领导力的核心所指,尤其是企业家精神恰恰也是在这个过程中习得的。此外,父辈看见孩子的某些表现,其实也是重新遇见了当初的自己。

如果父辈能够对此有所了解，就会在内心最深处得以释然。比如在自觉和守好底线的前提下，把接班人推到最辛苦的边缘。这个时候，风险可控，上一代的痛苦感也会比不自觉时要小很多，因为上一代知道在什么情况下该把下一代拉起来，并采用相应的方式与其对话。

韩剧《继承者们》里的老董事长，为了训练接班人的心性，以大股东身份发起临时董事会，要投票表决是否罢免接班人，同时让二儿子回到国内，这个局面导致内外关系都非常紧张。从情势上看无疑是老董事长要罢免大儿子，所以不少人投靠了二儿子，背叛了大儿子。可最终投票之后，还是大儿子继续执掌企业，这个结果令所有人瞠目结舌。

说到底，这是老董事长布的一个局，考验的是股东、关键干部、供应商以及合作伙伴的真实态度，可核心还是在考验接班人的心性。这关乎定力和谋略。异常紧急的情势会将接班人的全部潜能激发出来，迫使他调动一切可被调动的力量。经此一役，下一代掌控企业的定力、作为公司掌舵人的责任意识以及对亲情的理解，都会有本质性的加强，同时下一代也习得了与外部董事、关键股东、核心商业伙伴的对话能力。

重新理解"在一起"

我们在本书的多个问题里，反复提到爱有自动向内收纳的力量，因此家族系统有其自身强大的吸附力，每个成员内心深处都渴望在一起。而正因为系统底层"在一起"的力量巨大，所以撕裂才显得如此痛彻，对内在秩序的破坏力也会随之增大。但有时不经过这种残酷景象的发生，又很难如实认识这个内在系统的动力。

我们谈论这个话题主要是为了认识并善用它，尤其是对正经历传承事务的当事家族，早一点了解家族系统内部的关系动力，就会早一点在自觉中去面对和处理危机，从而减少不必要的痛苦。

第二章

二代如何消除童年时期缺少父母陪伴的心理影响

由于对孩子童年时期陪伴的缺失，上一代往往会在孩子成年后，带着急切的心理去做所谓的补偿，表现形式通常为夸张的物质给予，或者在资源平台方面的过度扶持。孩子在这样的给予关系里也以过度索取作为回应，以此抚平童年的创伤，并寻找自身的存在感。虚假的融洽期很快会被父辈的具体期待和要求所打破，接着父母和孩子的旧有相处模式被进一步放大。成年后的家族二代为了捍卫成人的自尊，往往会选择决裂，或者被创富一代先行驱逐。解决之道在于认清并且善用家庭系统内的亲情牵引力，回归当下的真实身份和状态。

这确实是一个凸显的问题，也是造成代际之间认知误差的一个基本心理动因。家族企业的第一代企业家早年把大部分精力以及智慧都放在了经营上，功成名就后，回头再面对这样的现实缺失，通常会急火攻心，也往往会过高估计自己解决此类问题的能力。

财富的关系破坏力

解决这个问题的根本还是要善用家庭系统自身的力量，即每位家庭成员所渴望的心灵之间的靠近。但第一代企业家往往因为其动力太强，补偿的急切性过于凸显，很容易导致动作过当。这是一个隐蔽性的难点，具体分析下来就是：由于问题源自童年，所以两者之间的关系模型还停留在大人对孩童的惯性里，一代往往会以过度或粗暴地给予二代现成的物质财富或者事业平台来补偿缺失，但却没有给出关系里最为重要的尊重和信任。

面对上一代的强烈补偿心理，孩子会开始过度索要，因为他们也想通过这个方式把童年时期父母疏于陪伴的缺失感补上。这种索要永无止境，但大家都忽略了孩子已经是成年人。这种表象上的合谋会给双方造成误解，并加剧双方在错误方向上努力。

刚开始给予的时候，父辈会有一种解脱感，因为他们觉得有东西可以补偿，这是一种模糊的认知和心理动因。孩子一开始也会很享受，感受到了物质带来的便利，虚荣心被暂时性地满足，陪伴的缺失感也部分得到安抚。但是，这段虚假的融洽期，很快就会被父辈的期待打破。在诸如婚姻和工作选择这些人生的重大事项上，父母都会对下一代提出明确的指令。此时，上一代的逻辑悄悄转换成：孩子享用了自己给予的诸多物质条件，省却了正常人太多年的奋斗历程，听自己的话是理所应当的。可是下一代觉得成年人就该有自己的活法，于是也从理所当然的索要和享受，过渡到未能行使成年人权利的羞耻感当中。这个问题的内在机理就是如此。

此时家族企业第一代企业家还主控着企业，事业占据了他们的大部分心智空间和精力。孩子反而有点悬空感，因为客观上给他们带来自我价值感的东西很少，而为了找到个体存在感，他们首先会启动破坏欲，以此引起所有人的关注。这导致他们做任何事情的动作都会夸张变形，容易和上一代产生激烈的冲突。

除此以外，财富家族一般都是社会关注的焦点，于是财富家族又多了一个"家丑不可外扬"心理的包袱。这会使事情变得愈加复杂，导致他们在处理时要么捂住伤口搁置一旁，要么快刀斩乱麻般惨烈地解决，而这两种倾向都是解决问题的负动力。捂紧事实就必须要做不得已的妥协，而所谓不得已的妥协，在没有正确认知的前提下，会变成一种新的压力和向对方提出新条件的理由，进而加剧双方认知中彼此亏欠的心理，接着冲突升级，无休止的恶性循环就此开启。

回归当下身份

首先，造成艰难的原因正是解决问题的核心动力。家庭系统动力，也是亲情之间内在的牵引力，即每个家庭成员都需要通过靠近彼此来寻求自身的完整性。

其次，要把这个底层动力揭示出来，并开始善用它。首先需要平复过分急切的心情，冷静下来去正视这个问题。在冲突的过程中，双方会变得越来越不像真实的自己，对话的双方都被情绪裹挟了，所以我们要让双方都回到各自的本分里。

最后，无论是生理年龄还是社会事务的要求，以及在社会交往中的自我暗示，都会不断提醒下一代，自己已经是成年人。这是个障碍点，也是动力点。其关键在于还原其成年人应有的完整认知，让他们意识到自身当下已经拥有儿时并不具备的力量。

具体对治这个问题，最好是把代际关系重建当成一个工作目标，既要作用于父辈，也要作用于他们的下一代，并且从"传承七灯"的其他六个关系里寻找力量，帮助两代人认清以上三点。

家庭系统本身自带强大的动力，这种彼此靠近的力量，一旦被揭示出来，没有人会否认，只是之前没意识到，因此对于先前关系问题的起因，其中的内在机理一定要剖析清楚。

第二章

双方不能再停留在过去的时光里，孩子一直在成长，关于自我的新内涵需要被挖掘出来；同时上一代也在成长、驾驭的场面、管理的人、解决的问题都在不断升级，和当初打拼期不能陪伴孩子的自己相比，已经发生了巨大的变化，因此也拥有了更大的能量来掌控和回看那个时期。这些变化需要列个清单，以构成离开旧有模式的理由，然后用这些已经变化的部分去重新对话和打量彼此。只有回到当下，系统动力才能起到正向作用，自然也会减轻家族企业二代身上的羞耻感和身份错乱感。

唯有如此，此前最为缺乏的彼此间真正的尊重和信任才会发生，最终爱的秩序才得以顺畅和完整（参见本书第九章"企业家如何给孩子钱"）。

为了进一步说明这个问题，我在这里再补充一个案例，供读者阅读参考。

都已年过六十的钱氏○夫妇，比我们约定见面的时间迟到了四十分钟。先生一坐下来就声音高亢地讲述自己的新产业布局，并谈起与自己唯一的儿子的僵局，太太一边给他递纸巾擦汗，一边露出略显不安的微笑。近一个小时过去了，太太提醒他听听老师的看法。钱先生看了看专注听他讲话的我，继续讲他已反复表达的"我们也是有尊严的"，诉说着对儿子的不满。

两年前，已在英国工作的儿子被钱氏夫妇叫回来在自家

○ 为了保护客户隐私，本书所有案例提到的人物名字皆为化名。

的企业上班,期间他和父亲争吵不断,直至被父亲要求离开公司;同时,儿子谈的几任女朋友也在母亲的干预下,一一告吹,直至半年前儿子找了个做公务员的女朋友并快速结婚。现在儿子不停地找父亲要钱做各种零散的投资,当然结婚用的别墅也是向父亲要钱购买的。当我问及近30年来,特别是在孩子小时候,夫妇两人同儿子在一起的时间有多少时,两人的目光都暗淡了下来。

"没有时间啊,你也知道那时公司刚有起色,实在没有时间啊。"

"妈妈呢?"

"我当时也在和他爸一起打拼嘛。孩子从他奶奶那儿离开,上初中就去私立学校住校了。后来去了英国,我们见他就更少了。"

"现在呢,能每周在一起吃顿饭吗?"

"不能。"

"一个月呢?"

"一个月也没有保障,没有时间啊!"

当我提出能否见见他们的儿子时,先生说"我儿子还是挺优秀的,他喜欢见有本事的人",夫妇二人的眼神里都重现出了光彩。

我深切地理解这对夫妇对放下"自尊"是多么敏感又多么无奈,这也包括来到我这个陌生人面前谈论家事。但我也同样相信，这些商场上的英雄们在专业人员的帮助下，跨过这个艰难的能力——企业家最擅长的就是正视问题和借用资源达成目标。钱氏夫妇的低头黯然以及后来眼神里的光彩正是这种可能性的标志。

他们深切地爱着自己的孩子，更在内心里充满愧疚，也同样能辨识出孩子身上的优秀之处。只是他们表达这份爱和愧疚的方式过多出自自己的想象，也太急切了。他们来不及甚至想不到要和孩子商量，或者倾听一下孩子的心声。正是因为他们意识到对孩子童年陪伴的缺失，才急于按自己的方式去热烈地补偿，只是忘却了孩子已经长大。

让孩子来接手自己亲手打造的企业，父母认为是爱的表达，孩子却有可能认为这更多是一份责任和压力。

即使进了企业，孩子的表达欲望也常常受到强烈的压制，至少在孩子看来，父辈沟通的方式更多地表现为训示和说教。可这些中学时期就在国外留学的下一代，视野广阔，见过太多成功的模式，听父辈来回唠叨就是那几句话，自己每次都还要表现得认真听着的模样，于是开始想"还是逃离吧，老争吵也不合适啊"。

至于成家这件事，父辈会认为你不是普通的孩子，你背后有我们庞大的家业，你是未来的接班人，当然选择的结婚对象得是我们认可的才行。下一代强烈地想表达"给我自己做决定的机会吧，至少听听我的想法"，可是父辈的权威密不透风。

事实上，在我有限的经验里，在中国大型的家族企业中，二代与父辈的冲突往往就表现在婚姻与就业这两大主题事件上。虽然具体形式各异，但根本原因都是在于二代成长过程中（特别是童年时期）父辈陪伴的缺失以及双方的认知差异。

无论如何，二代与父辈根本上都有强烈的和解意愿，只是情绪障蔽了他们回到问题原点的能力。我们要做的正是帮他们发现并建立有效的沟通机制，让彼此更多地被看见。

"传承七灯"是我提出的一套关系动力集合，可以为中国家族企业系统地提供定制式的解决方案。七盏明灯相互辉映，照亮彼此，其他六种关系也都可以为"与父辈的关系"提供动力。

在与企业各层级的关系里，二代所做的由下至上的沟通探索、对企业的深入了解和独特视角恰恰是与上一代进行对话的坚实基础；就家族内部成员的关系而言，父子双方对家训以及家族成员在企业任职规则的共同学习，可以增强他们的认知协同；从"与财富的关系"的视角来看，二代从经验贫穷里获得的原谅与感恩的能力，更可疗愈父辈发展过程中的伤痕和可能的扭曲；与偶像的关系，由于事实上是与权威的关系，也会让年轻的一代更好地了解和靠近同为权威的父辈；与同辈关系处理得好，获得良好的社会声誉，父辈就会觉得下一代很有未来，也会让他们更放心地交班给下一代。

我在这里提供一个"单方"式动力：让传承双方在我

们的协助下,彼此给对方写一封信。当各自铺就稿纸,却可能首先要面对无语哽咽的自己。这是多么容易却又万分艰难的事啊。就从对这世界上最亲近的人的第一次注视、记忆中的第一个画面、第一个来自对方的声音开始吧。写在纸上的也许只有两千字,心里却至少说了二十万字,两代人之间的这条心路又何止千万里。一周也就一次的聚餐机会,记得爸爸(妈妈)老是在不停地打电话;好不容易一起看一次电影,爸爸(妈妈)也经常会离开座位好久才回来;还有那次喝醉酒的爸爸和妈妈激烈地争吵;和同学打完架哭着打电话向爸爸(妈妈)求助;无数玩具车旁边却不记得有爸爸妈妈的身影……当然还有出国读书时爸爸(妈妈)挥手的样子。

终于双方都可以平静下来,看到对方写给自己的信,才知道"原来是这样","我怎么就不记得这件事呢?我怎么没有把这件事当个事儿呢?原来孩子(父母)是这样想的!"。这是一次情感与精神的深度汇流,是一次如此深切持久的凝望,是一次无比柔软、温暖又心酸的联结。

"在一起"的内涵原来如此重要而丰富。我们可能还是对一些问题有不同的看法,但我们可以理解彼此的不同。我们可以倾听彼此更多,也都看见彼此更多。我们一起进行探索和尝试,我们都更深切地爱着对方。我们知道这个关系会受到祝福。即使我们还是有不同的决定,我们却都有了成长。这真实的关系让我们都更有力量。

我不想在这里过分美化这封信的力量,但经验告诉我,这至少让双方都各自朝对方迈进了一步，可以坐下来一起好好说话。即使对成家立业这样的大事，双方还是各自选择了自己的立场，但尊严与爱的彩虹联结着彼此。当然回到一个共同立场的家族也会在接下来的岁月里，得到对方更为深切的认同，双方的争论也更切实、更具建设性。

事实上，上文提到的钱氏夫妇和儿子也正是从给彼此写信开始，才正式打破了持续多年的僵局，也让我得以正式开启了对这个项目的咨询实践。

企业家如何扮演二代的导师

创富一代要意识到,二代已经是有独立看待世界方式的成年人,所以要与之建立基于尊重和信任的对话关系。作为导师,应偏重启发和探讨。创富一代应更多地成为一个支持者、服务者、共同的探索者,与孩子保持一种伙伴关系。所以,成长路径的设计一开始就要让孩子参与其中,开启他们自我探寻的意愿,他们打开的也是自己的世界,而不是创富一代给他们设计好的世界。

五步十五年

创富一代可以带领孩子从自己的创业之地开始,让二代在现实场景中去感受企业的每一个重要转折点,分享当时的情境以及相对应的解决方案和思考,同时给孩子提供换位思考的机会，去开启他们自身的思考能力。除了创始人视角，场景中的另外一些角色，比如银行人员、供应商、经销商，甚至市场上非常有特点的竞争对手，也可以帮助回忆过往的关键场景，叙述印象深刻的交往环节，让二代从具体事件中获取实打实的经营认知。

这些鲜活的故事会让孩子对所从事的产业拥有真实的感受，同时建立起对创富的一代的企业家人格的具体和有温度的认知。例如，在企业光鲜亮丽的发展过程的背后，更深层的决定性逻辑是什么？风险和失败来自哪里？企业一次又一次跨越难关的支撑点是什么？深度对话后，孩子可以拿着心得报告与父辈沟通，但在沟通过程中要以二代发表意见为主，创富一代只负责启发，对二代可能忽略的部分进行补充，也可以推荐相关人士与其做更进一步的交流。

总的来说，创富一代对二代的指导过程可以分为五步。第一步就是帮助二代建立认知、增长见识、强化体感，让他们对整个产业链条的基本逻辑有所了解后，再从自己真正感兴趣的部门业务入手，以观察和学习为主，这至少需要两年的时间。

第二步是让二代开始真正负责具体业务，规模可大可小，但必须独立承担风险和义务。从一个点到一条业务线，由下到上把整个管理岗位走一遍。整个过程大概需要三至五年，一路从产品线到总部职能部门，再到高级管理职务，最后列席最高管理层会议。

第三步是让二代返回一线开拓新业务。这个时候，二代的个人意志可以得到更多的表达和实践，因为他们已经拥有了多年的商业经验，对决策流程以及风险和压力也有了切实的感受。他们既可以采取内部创业的形式，也可以开辟独立的新业务线，或是参与关键并购，完成业务链条的全过程整合。

不管是负责独立业务，还是实现关键性项目的突破，最重要的是要让二代做操盘者，担任整件事的最终责任人。这一步相对较难，上一代会又一次犹豫，此前风险都在可控范围内，而这一次对二代的意志力、智慧和性情都是一个全新的考验，也是真正的领导力之旅的开始。

第三步是培养企业家人格的关键时期，大概又需要三至五年。这里边会有成功、失败、挫折、懊恼，以及各种不可避免的风险。创富一代需要记得自己一路走来也是如此，每一次开启新业务、每一次转型升级都是在跨越难关。因为进入了相对陌生的领域，即使思考周密，不确定性也会如期而至。而对不确定性的应对和处理，正是企业家精神中最重要的特质，这要靠当事人亲自走进去，再从中走出来。

创富一代此时需要高度克制，不能轻易介入，即使二代来寻求支持，也是在事先约定的范围内多问几个为什么，通过不断复盘事实，让二代自己陈述对问题的认识。创富一代除了提供看问题的角度之外，还可以建议二代寻求相关人士的支持。此前带着二代重走创业路程中的一些关键故事、关键环节、见过的关键人物等，都可以重新抽取出来进行复盘。

第四步是二代在组织内部再一次往上走，进入更高决策层，让传承双方的思想进行最终的交汇和碰撞。

以上四个步骤要经历大约十年光景，二代与创富一代的师徒关系，同时也是伙伴关系才可以慢慢形成，沟通机制也才可以慢慢建立起来。当个人价值基于现实目标得以释放，优缺点会一览无余，需要补足的部分也才能变得真切起来。

十年周期结束，第五步是创富一代可以任命二代为公司总裁，或者让二代参与到企业的再一次重组和转型升级中，成为拟定未来战略的重要参与者。前面四步所说都是扶上马的过程，第五步则是送一程的过程，所谓送一程是在大战略方向清晰的前提下，上一代逐渐向二线后退，让二代走向前台。根据企业大小、创富一代的个人决策风格和团队成熟度的不同，这又需要三至五年的时间。

这样，一个二代年轻人通常需要十到十五年的时间学习和成长，才能和上一代一起完成传承的基本过程。

再强调一遍，在这个过程中最重要的是，创富一代要始终记得，自己既是这条路径的共同设计者、引领者、资源协同者和推动者，也是一个无时不在的服务者。

尊重与负责

这件事最重要的认知基础，是要把二代视为独立个体，这是一种相信，也是一种尊重。二代毕竟是另外一个人，父辈把所有东西复制到二代身上是不现实的。这样做反而会让二代掌权后走向另一个极端，把创富一代留下的痕迹扫荡一空，给公司带来巨大的动荡，这也是现实中特别容易出现的危险事件。

还有一点就是一定要允许孩子经历失败，失败是真正成功的基础。二代往往容易被过度保护而失败不起，这也恰恰是未来最大的风险所在。

二代从进入这段旅程开始就要对自己负责，而不是让上一代代劳。创富一代能做的只是把二代领进门，但真正打开新世界的人是二代自己，真正生长起来还是要靠他们自己。同时，只有相隔适当的距离，才能看清上一代身上闪光的地方，才会明白在困难中他们才是最大的资源拥有者，这当然也包括智慧、精神和爱的资源。

总之，从认知导入行动，实践过后进一步修正和丰富认知，这两条线循环不息、缺一不可。这个过程也正是企业家领导力养成的过程。本质上这关乎平衡之道，包括企业与家族的平衡、财富与情感的平衡、自我与他者关系的平衡、传统接续和发扬的平衡。只有完整经历了这个过程，二代才有机会成为人格健全、可以寄予厚望，并且能够引领企业可持续发展的新一代企业领导者。

如何解决"猜测与等待"的代际沟通模式

首先是经由具体情境的沟通,让双方意识到主动问询或者主动引发互动的强大力量,视彼此为最重要的支持背景和资源;其次,两代人之间有靠近彼此的强烈意愿,因此不断让双方体验到自我肯定后,情感上的深度联结将会逐步稳固,直至建立起全新的沟通模式。

我们重新围坐在小方桌旁边。话题涉及父子两代人沟通模式的重建。我提议坐在我对面的二代娄一鹏直接把他的疑问抛给侧坐在一边的父亲。这个疑问是刚刚在沙发区休息时,一鹏趁父亲不在小声说给我听的。他说他注意到父亲最近为公司一个内部文件的签署很不高兴,也注意到具体负责的管理人员为此承担了巨大的压力。在他看来,这份文件涉及的内容正是父亲自创业以来一贯提倡的企业文化的注脚,然而父亲对此事的态度却与此前一直倡导的理念自相矛盾,他也一直没有找父亲询问这件事背后的理由。

娄一鹏看了坐在对面的我一眼,终于鼓起勇气向父亲就此事提出了自己的疑问。父亲确认问题后,平静地阐述了自己的观点和依据,并表示幸好一鹏向他提出了这个疑问,让他把自己决策的理由想得更充分了,还说自己正奇怪,这些天为什么管理人员尤其是已经分管这个事项的一鹏没有来问这个问题。我询问娄一鹏听了父亲的回答有什么感受,他表示自己再次领略到父亲的经营智慧和领导艺术,内心一派释然。此时喜欢低头说话的一鹏开始抬头望向父亲,两人就此事开始了进一步的交流。

根据我做传承教练的经验,上述娄一鹏父子的故事反映了中国家族企业两代人传承中普遍存在的一种沟通模式:猜测与等待。二代一直在猜测作为家族和企业两个系统中权威角色的父辈的决策动机,父辈又一直在等待二代主动向自己问询和请教。

二代猜测的原因,一是担心自己提问水平不够而被身为权威的父辈否定,二是怕自己的提问被理解为一种质疑,可能会给父辈带来伤害;而父辈等待的原因,一是认为自己这样做决策理所当然,不觉得有什么问题,二是认为二代有疑问应主动求教,担心自己说多了二代起逆反心理,甚至怕给二代带来新的压力。显然两代人的思路都基于自己单方面的假设。结果是父辈的掌控感在不断强化,二代倍感压抑,父辈对二代的能力和态度产生了一些怀疑,互相抱怨。久而久之,传承双方都不自觉地造成了一种僵化的沟通模式。

这种僵化的沟通模式严重阻碍了传承双方正向关系动力的生成。双方在情感上也会越来越疏远并产生焦虑，从而导致双方往往以愤怒为出口，甚至发展成对自我的怀疑和对另一方的不信任。在企业事务方面，则会造成管理效率低下，并波及相关业务的推进。这种状态又往往会在家族和企业两个系统里有很强的传染效应，从而严重影响传承的正常节奏和公司的顺利发展。

解决之道在于，首先传承双方要能意识到彼此沟通模式的障碍和无效，邀请专业的传承教练尽早介入。通过创建积极安全的沟通环境，看见隐藏在背后的猜测与等待心理及其生成的原因，从而认识到各自的假设并不成立；更重要的是，经由具体案例的沟通，双方都能意识到主动问询或主动引发互动的强大力量，视彼此为最重要的支持背景和资源，体会到良性互动给彼此带来的释然和振奋。

因为根本上两代人之间都有着靠近彼此的强烈意愿，毕竟这既是情感的需要，也是企业和家族传承的需要，所以关键是传承教练要能让双方各自描述出自己接下来的行动方案，并持续督导执行的进展过程。通过让积极的能量在两代人之间流动起来，让双方不断体验到自我肯定，进而创造情感上的深度联结，直至全新的沟通模式建立起来。

需要特别说明的是，现实中，解决这个问题尤其需要一直扮演权威的父辈有更大的自觉。譬如，父辈可以选择在一些重要决策事项上，率先行动，主动邀请二代表达看法和可能的疑问，以开放的心态耐心倾听，让二代体会到一种强烈的参与感和自我肯定感,并对二代的问询行为多加鼓励。事实也证明,这是令两代人之间沟通更为有效的破冰方式。

正像文章开头部分提到的娄一鹏的父亲,在我的启发下,率先检讨在过往与儿子的沟通模式里自己的责任,并表示自己会做出表率,积极地去解决自己在沟通中倾向于等待的心理障碍,并邀请教练给以督导,希望能多创造几次这样的沟通场景,以便更深入地构建两代人的有效沟通模式。

家族成员如何管理自己的身份意识和职业边界

在家族企业传承过程中,造成冲突和障碍的重要原因是传承双方缺乏有效的沟通,其背后的根本原因是认知误差,而这种认知误差的突出表现是双方身份意识的缺失或者错位。

客观上,家族企业传承双方既有家庭中的个人身份又有企业中的职业身份,其关系具有双重性,往往既是上下级又是亲人。在家族企业创业初期,家族成员在公司里一起打拼,信息得以及时且充分地分享,彼此有天然的信任,职业和个人身份的边界也相当模糊。对这个曾经的积极动力因素很容易养成路径依赖,在公司发展壮大的过程中它会日渐成为一个复杂的议题。尤其在创业的第一代企业家将公司带到行业领先地位后,当传承话题被提上议事日程时,这个问题会变得更为突出。有时家庭的个人身份被放入公司职业场景的沟通规则里，有时职业的上下级身份又会被带回到家庭场景中，从而构成冲突和纠缠，彼此都深感压抑和不满。

解决这个问题的方法有不少，我重点谈谈自己在工作实践中被证明有效的一些方法。

首先，传承双方要阶段性地明确各自在企业中的角色定位。传承本质上是个权威让渡的过程，因此，双方要非常自觉地管理这个角色定位的动态变化，尤其是关键节点。有了角色定位，双方才会有正确的心态去看待彼此的关系，也才会有真正实际功用的岗位责任描述；而双方的岗位责任决定了互相收受信息的内容、方式和节奏；传承双方之间信息流动的质量又直接影响彼此的评价和工作绩效。我们说的有效沟通机制的建立，正是对双方信息交换全过程的约定。

其次，传承双方在家庭中应各自扮演好自己的角色。这对清晰双方在企业中的职业边界是有帮助的，反过来也一样。如果传承双方在家庭关系中充分释放了个人的情感诉求并得到了最大限度的满足，那么在职业关系里，双方就更容易理性地尊重职业边界。传承双方职业身份的明晰又会促使沟通效率的提高，减少职业身份在家庭场景中的纠缠。

家庭场景中的身份意识一样需要规划。传承双方要自觉地养成习惯，比如进行定期的家庭聚会或者家庭旅行这些具有仪式感的集体活动，来强化彼此的家庭角色感。每个人的家庭角色越饱满，家庭成员的关系就会越融洽，彼此的满意度就会越高，幸福感也就会越强。

家庭中的幸福感和职业上的成就感是互相影响的，两者都有赖于一系列措施的真实执行和不断调整。而这正是真正的难点所在，因为传承双方都是家族和企业里的关键人物。家庭内部成员和企业管理层，客观上是影响沟通的关系动力之一，但是他们往往无法直接协助传承双方制定沟通机制并干预实施过程。一方面是因为一代通常是企业内既有的权威，是各种核心资源的掌握和分配者，这会让系统内的干预失效，甚至适得其反；另一方面是因为家族内部成员或企业管理层本就是系统内的重要利益相关者，很难保证立场的公允。

所以家族企业既有的权威，也就是创业的第一代企业家最好能聘请合格的第三方专业力量介入家族传承事务。当然这个过程本身就要和二代充分沟通并邀请二代全程参与。第三方专业力量致力于完成家族企业传承的目标，有受托责任，立场独立，能倾听双方的意愿，并具备界定和确认传承中真实问题的能力，不是任何一方的"说客"。譬如，从角色定位到岗位责任描述再到沟通机制的建立，无论在企业还是家庭的系统中，第三方专业机构都是见证者和推动者。特别是第三方能以客观的视角，帮助双方始终对各自的角色定位保持自觉，并动态调整不同阶段的沟通节点及其内容，借助其他重要的关系动力，推动代际有效沟通机制的真实建立。

接下来，我结合一个案例，进一步说明这一问题。坐在谈话室的沙发上，娄一珊认真地说："张老师，鹏哥说您辅导他和老爸一年多了，大大改变了他和老爸的沟通模式和效率，他说您锦囊妙计最多，我今天就是来'请锦囊的'。"我让她先尝尝新泡好的青柑茶，告诉她锦囊其实一直就在每个人自己心里，一鹏和她也一样。"张老师，那我第一天到公司，见了老爸和鹏哥，叫他们什么好啊？董事长早，鹏总好！是要这样吗？"我对一珊竖起了大拇指，因为她的这一问正好触及了家族企业传承的关键问题之一：家族成员的身份意识和职业边界。

身份意识，对于进入企业的家族成员尤为重要，因为他们往往既是企业的产权所有者，又是企业的经营管理者，家族成员之间兼有职业和亲情的多重关系。一代创始企业家既是事业的缔造者、企业管理的最高决策者，也是家族亲情中的父母长辈；二代进入家族企业既是可能的事业接班人、企业经理人，也是家族中的儿女晚辈。家族企业成员的身份意识和职业边界，需要在不同场景下高度自觉地进行管理。

在企业场景里，家族成员应尽量以职业身份出现，以职业人格来管理自己的言行，尤其在和企业高管在一起时，家族成员间应避免有意无意地窃窃私语。因为家族身份在企业场景里不恰当地凸显，可能会激起高管内心的边缘感和隔离感，造成信任的流失，从而阻碍他们成为与企业长期发展利益保持一致的行动人。

另外，在家庭场景里，家族成员应全情投入并创造机会让亲情温暖流动，尽量不把公司议题带进家庭聚会中。许多第一代企业家习惯性地会在家庭聚会场合和家族成员讨论工作，并认为这更有效率。殊不知家庭场景中的情感流动能给所有家族成员带来亟须的能量补给，使得个体的情绪在家庭亲情中得到有效释放，这样等他们能量饱满地回到工作场景中时，就不会在工作议题中纠缠情绪，彼此的沟通才会真正理性和高效。这也是我在教练实践中发现的底层工作逻辑：通过自然人格的满足来为职业人格提供底层能量。

除了企业和家庭两个最典型的场景，家族企业成员还需要在外部社会场景中同样保持高度的身份意识。尤其是家族二代需要了解自己在公众场合所代表的不仅仅是个人身份，还有背后的家族和企业的身份，因此需要保持敏感并厘定自己在不同外部场合中的身份，并主动检视和管理自己的朋友圈，避免给家族和企业带来负面影响。

家族成员拥有良好的身份意识，在不同场合就会对个人、家族和企业的各种信息边界有高度觉察，并对自己行为进行主动管理。身份意识和职业边界的高度自觉，可以通过两个路径来达成：一是在家族内部以传承关系动力为纽带加强家族内部的情感联结，形成对家族使命、愿景和价值观的高度共识；二是通过公司治理架构中的制度性安排，指导每一个家族成员照章办事。譬如，可以明确家族成员和企业高管之间的信息边界，以及进入企业经营不同层面的家族成员之间的信息边界。尤其是董事会层面的信息，对于还未进入最高决策体系的家族成员，最理性的信息边界是将他们视同职业经理人，以确保企业治理体系的有效性，避免因信息流动不当造成企业和家族内部的不信任和分裂。

　　一珊听完我的一番话说："张老师，还好我来请教了您，看来在不同场合恰当地称呼老爸和鹏哥算是最基本的，守住信息边界才是关键。我觉得您也需要和我爸聊聊这个话题，他最喜欢在家里聚会时和鹏哥谈工作。"我对一珊又竖起了大拇指。

什么才是家人真正地"在一起"

有效的代际沟通的基础,一方面在于创富一代真正接纳二代的成年人身份,将其视为有独立选择和构建人生能力的个体;另一方面在于二代正视上一代的情感诉求,在成长中逐步去体会和理解对方情绪的由来。除了回企业帮忙或者接班这样的人生选择,二代在企业外部的任何真实锻炼都应视为两代人沟通的积极素材,也为思想和意识上相互启发提供了机会。家人在一起的真实含义是心与心的靠近,而不只是物理形式上的相邻。

两年前在某个场合,我做了一个关于家族企业传承的演讲,演讲结束以后,在场的一位男性企业家当众分享了自己的故事。他带领企业一路奋斗、披荆斩棘,如今年事已高,非常希望孩子加入企业帮忙,可结果孩子留学归来后,竟义无反顾地选择了远赴非洲,并声称自己要在那里扎根下来做公益事业。他为此感到非常苦恼,百思不得其解。

很明显，无论这个孩子是将投身公益事业作为终身抱负，还是打算做一段时间后再回归支持父亲的工作，或者选择自主创业，这些选择本身都是有意义且值得探讨和关注的。我们谈这个议题，不是去分对错，而是去探索两代人如何真正形成高质量的对话。当然，这些所谓的"出格行为"本身，其实也包含了二代子女对父辈的某种精神性启发，例如，启发父辈对"什么是个人幸福、人生价值如何衡量、财富到底是用来做什么的、什么样的人生是平衡和值得追求的"这些问题进行思考。

以"成人"相待

首先，创富一代需要承认二代的个体性及其成年人的身份，即他们有独立的意志和选择自己人生方向的权利；同时，二代也要理解上一代的情感诉求，例如希望孩子回家族企业帮忙的心愿。以上两点是良好的代际沟通的基础。

认清孩子已经是成人的现实，平等对话才有可能发生。对话过程中需要心平气和地倾听，尽量让孩子多讲，不要急于反驳和打断。意见和看法不同恰恰是增进两代人互相了解的重要机会，这总比孩子没有思想或者模糊不清要好得多。在刚刚举的例子里，假如孩子没有表达自己的选择，而是毕业后直接加入到了父亲的企业，也未见得能真像父亲想象的那样成为一个好帮手，有可能两人会经常吵架，不但没帮到父亲，还会给他增添烦恼。情况严重的话，两三年时间内，二代要么被驱逐，要么自行逃离，最终结果还是分开，而且带着加倍的相互伤害。

既然孩子愿意主动谈及自己对于人生的认识，那么就要珍惜这个机会。只要有敞开对话的可能性，诸多联结点和新机遇就会产生，比如在彻底理解了孩子的诉求后，如果企业规模足够大，家族可以成立一个公益基金交由孩子主理。无论结果是什么，关键在于找到双方想法的交集。

如果孩子自认不够成熟，需要去外面沉淀几年，那么在做公益事业的时候，他（她）自然会体验到，原来做一件事要付出如此巨大的辛劳，比如来自组织运营、资金募集、程序合法性、社会资源协同、流程管理等方面的挑战，完全不亚于来自任何企业组织的挑战。这些体会无法仅靠口头交流传达，要允许孩子亲身体验，最后经历所带来的教育本身才是最为珍贵的。

以后即使二代再回家族企业，无论是负责家族企业内公益的部分，还是继续参与企业的其他业务，对于父亲的事业都极有好处。第一，二代对财富的价值会有更深切、直观、痛彻的了悟。第二，二代对价值传递如何通过组织更有效地实现，也会有切身的体会。第三，做公益事业依然有机会跟父辈进行对话沟通，做公益过程中一定有痛苦和诸多思考，这恰恰是深切了解彼此的真实通道。当孩子感受到父辈的尊重，跟父辈沟通的意愿就会迅速提高。这还有一个连带效应：当父辈愿意倾听二代所热爱和参与的事情，二代也就愿意了解父辈所做的事情。

有了这三点基础，上一代在与孩子的沟通中分享人生经验就会更加自如，由于二代丝毫不觉得委屈，并且带着求知的心态，他（她）就会有更多的被支持感，也自然会更多地看见父辈的人格力量以及取得的成就。

心与心的靠近

无论最后孩子如何选择，最重要的是两代人之间相互的理解，这对彼此都会有巨大的启发。

家里人真正地在一起，不一定是物理空间意义上的在一起，甚至各自事业也可以不尽相同，其本质是心与心的靠近，感觉到有人懂你、愿意去倾听和尊重你，这才是在一起的真实含义。这种彼此支持以及爱的鲜活性会给双方带来巨大的力量。

所以，在一起的前提是对彼此的允许和接纳。有了这样的前提铺垫，才谈得上自我实现。自我实现简单地说就是，自我价值被最大限度和完整地释放了出来，从此，人在生命中的大部分时间里都会处于高峰体验中。这会让个体冲破未知的艰难，去面对各种突如其来的挑战。当家族里每一个个体都有这种感觉，和谐的家庭关系自然就会被建立起来，真实流动的、超越时间、空间的爱就会发生，因为家庭成员不再只是简单地服从于某个权威，而是基于允许和接纳彼此尊重、倾听和支持。

有可能多年后孩子会自愿回到家族企业，当这一刻来临的时候，双方谈话就会比较真实、信息交互就会变得准确，这正是此前高质量沟通的结果。从步骤上看，貌似晚了几年，但价值不减反增。再好的职业培养环境，如果没有刚才所说的真实代际沟通作为基础，力量都会非常薄弱。

明白了这个道理，但凡略有尝试，双方都会感受到在边界逐渐清晰的同时，内在的联结也一直都在，各自保有自己的立场，但又不缺柔软相待的机会。反之，亲情则会滋生出压迫感，并成为粗暴对待彼此的理由。

第三章
传承关系中的隐秘动力

二代如何切断对于上一代权威的过分依赖

处理这个问题的关键在于,二代看见和接纳自己当下的真实能力和状态。当自己被全然地看见,两代人才能合谋将依存性转化为相互之间正向的支持。解决实际问题的能力需要计划和时间来进行锤炼,一旦两代人内心真实的联结被建立起来,二代的虚弱感会被逐步驱散,真正意义上的个人成长也才会开始。

在家族企业传承的系统里,代际之间的关系问题中,大家讨论最多的往往是第一代企业家不愿意放权,二代想挣脱一代的控制,获得更多的自主权。其实还存在着另一种真实现象,那就是二代实际上并不希望上一代过早地把权力和责任移交给自己,并进一步形成了对上一代的过度依赖。在现实中,这个现象出现的比例并不比第一种少,但却没有被充分讨论过。

第三章

两代人的合谋

这种关系模式实际上是第一种模式的另一个面向。如果说在第一种模式里,上一代的主控意识占主导,那么在第二种关系模式里,是二代突破了边界,其过程为从不自觉到自觉再到不自觉。

因为创富一代忙于经营企业,所以二代从小缺少父母的陪伴和照顾。但是他们的物质条件却可能是同龄人里最好的。给下一代提供好的物质条件是创富一代一种自我满足和疗愈的方式,更是对二代陪伴缺失的心理补偿。

到了青春期,二代个体意识开始觉醒,他们中很多人又都被送出国了,跟上一代深度对话的机会更少,但有一条暗线始终没变,那就是远超同龄人的物质条件。二代始终缺少机会提高抵御艰难和挑战不可能的能力。因为从小就不需要面对艰难,所以二代一旦触碰到外部世界带来的各种压力,他们就会下意识地认为父母都可以搞定,可父母通过内心联结给予孩子的真实的安全感,恰恰无迹可寻。

一方面二代认为自己不需要面对艰难,另一方面,当他们觉得需要的时候,又缺少与父母真实联结的力量,这两项叠加,就导致二代在独立面对艰难的时候,内心往往虚弱而踌躇。他们自己作为一个成年人,磨炼意志力的机会在一定程度上被剥夺了。

当然,父母的心情完全可以理解,他们就是怕孩子出问题，心想自己经历过足够多的艰难，那就不能让孩子再经历了。就这样，随着家族企业不断做大，挑战也逐步升级，他们始终在风险中前行，而另一边的孩子却始终在一种没有困难的环境中成长。

一般家庭的孩子面对生活的困难有个循序渐进的过程，就像从小抱一头小牛犊，等长大后面对一头很大的牛他们也能抱起来。这只牛象征着问题的困难程度。可是二代在物质条件优渥的家庭里成长，当面对人生重大挑战时，就像突然要他们自己抱起一头大牛，他们的第一反应是不可能，另一个强烈的心理暗示是父母可以搞定，于是在父母不自觉介入后，牛被抱了起来，问题似乎也解决了。

在真实情境中，两代人不自觉的合谋就这样慢慢发生着，二代内心的虚弱感越来越强，想要自我决策的声音也有，但问题被父母解决后看上去自己确实安全，就这样，二代的自我成长被无限期延迟。

交接班的困境

通常来说，当优越的物质条件和身份上的虚荣长期包裹着一个人，会为当事人屏蔽掉很多被刺痛的机会，也会持续削弱其承担压力的能力。总有一天，原来一直帮忙抱牛的人会突然把问题丢给二代，让他们自己承担责任，而此时二代在心理上既没有与上一代情感的强联结，也从来没做过任何准备，他们就会说事情还是交由父母来决定吧。作为当事者的二代只能一边躺倒在牛肚子旁边，一边满脸通红。二代为了以成年人的方式逃避羞耻和焦虑感，会摆出尊重和孝顺父母的理由，进而去包裹自己的恐惧和依赖心，父母在这种变相求助之下，会觉得孩子还算听话，因此大家相安无事。

经过很长的时间，创富一代终于醒悟过来，原来两代人一直在相互欺骗。可当创富一代醒来以后，由于自己身体状况和某些偶然因素的影响，接班议题必须被提上议程，于是想将越来越多的事情转交给孩子负责，可孩子又显然不具备接手的能力。

在真实生活中，创富一代这种心情的变化非常复杂，而且还会有一些反复。他们有可能在家里夸赞孩子，回到公司又批评他们不愿意承担责任，这会让二代心理上更加分裂，倍感痛苦。二代阻止这种情况发生的手段千奇百怪、不一而足，但其目的都是有意识地让上一代不要醒来并感觉自己依然强大和值得尊敬。

当创富一代身心疲惫，有时候会不小心说一些带情绪的话，但二代内心还被自己很尊敬和孝顺父辈的自我暗示所包裹，他们就会瞬间恼羞成怒："我都已经这么听话了，为什么你还这样说我？我如果那样做不是给企业带来更大的损失吗？你承受得起吗？"如果争吵进一步升级，甚至会直接说出来："谁让你没早一点让我当家，我现在都这么大了，你突然交给我这么大的难题，我之前做不好的时候，不都是你来搞定吗?"这种反复掩藏会带来很多压力、痛苦甚至争吵,但谁也不愿轻易揭破。

这就是二代依赖心理的成因和运作机制。依赖机制最终会由暗变显,当双方从自欺关系里醒来,大家都会很痛苦,而且现实中孩子独立解决问题的能力并没有得到提升,这就给传承带来了巨大障碍。

看见与接纳

第二种模式因为隐蔽性更强,所以更难破解。当事人从梦中醒来,这本身是自我认识的重大突破,但人设的崩塌也可能会让他们觉得自己"丑陋不堪"。意识到这个问题的时候,二代通常已经成年,甚至已经成家有了孩子。突然发现自己并没有建立起成年人的心理机制,就像刚开始看到虎牙的影子,以为是皮影戏,不小心弄烂幕布后,锐利的虎牙直接暴露了出来。

从二代的角度来说,要解决这个问题,无非是通过看见和接纳这两个步骤。看见虎牙时确实会产生恐惧,但不要放大情绪,如实看见就好,它带来的伤害也就没有想象那么大。

只有在这样定睛看清事实后,一些方法才能派上用场,例如寻求关系动力上的支持。问题摆在眼前时,场面会很难堪,但好处在于双方共同面对时,它可以转化为一种感动,进而增加一份抵御的力量。此前是不自觉的合谋,如今联盟还在,但意识转换成自觉了,于是双方就可以一起解决问题;同时双方都意识到,不能让企业毁掉的意愿是一致的,亲情的力量就会自然被启动,并转换成正向的支持动力。

当两代人内心真实的联结被建立起来后,双方都能感受到来自对方的信任和尊重。也许二代解决实际问题的动作还比较稚嫩,但因为内心反复得到了爱的滋养,自然人格的薄弱部分就会逐渐丰满,也就能够开始真正意义上的成长。

如何理解"对抗即学习"

家族系统里的对抗通常发生在代际之间,以孩子青春期个体意识的觉醒作为开端,大家往往更多地把焦点放在孩子叛逆及其试图脱离父母管控的行为之上,却忽略了孩子的做法反而是在学习和模仿父母。孩子越对抗就与父母越像,即家庭问题模式的复制(参见本章"什么是家庭问题模式的复制")。解决之道在于从内心面对、接纳、感谢和告别旧有模式,这意味着与内在的另一个自我和解,获得生命的圆满与平衡。

血气旺盛就会有莫名的破坏性,破坏性以脱离母体联结为底层表征和第一动力,行为上表现为会去破坏和对抗所有代表权威和控制的事物。以上的逻辑很容易理解,但大部分人忽略了这里边隐藏着的另一种深刻的心理机制,也就是孩子想要成为被脱离的一方。

第三章

其内在的激励机制是,"我也要像你们这样,我不再是此前被你们指挥的孩子,我要表达独立主张"。比如,男孩子会去学抽烟,因为他觉得这是成年人的标志,也就是说,成年意味着可以做儿童不能做的事情。

因此破坏行为从现象上看是对抗,但其实背后是一整套的学习机制。随着成年化程度越来越高,独立人格越来越完整,二代学习的渠道也开始多元化起来,比如通过游戏、动画片、电影、人物传记,或者接触到的某些师长或同学,这些因素都在塑造着个体的人格。

大部分人在这个过程中,人格会得到基本平衡的发展,不至于走向极端和病态,但代际间的对抗还是会发生。如果孩子第一次的成长和独立行为没有被父母看见和理解,孩子就会被管束得更严,于是对抗也将变得更为激烈,这种叠加效应也延缓了被管教者认知觉醒的时间点。当其对问题的认知一再被拖后,往往会以夸张式的标志性事件终结,例如孩子离家出走,甚至结束自己的生命,因为他们用尽全力地诉求一个"我"的出现,而管教者还是把他们当作自己的从属品。

这个过程中,同龄人之间也会相互出主意"制服"管教者,所以这就使得管教者这个权威变得越来越无力,以至于最后产生厌恶和憎恨自己的情绪。而财富家族二代的父母,往往都是已经取得一定成就的人,他们当然会更不愿意承认自己的失败,那么二代以学习和模仿管教者作为潜在的原始动机这一点,当事人也就更不容易发现了。

越对抗越像

如果先问二代当下的认知和行为模式，然后再问被对抗的那个人的认知和行为模式。当我们把两人的模式都罗列出来，进行比对以后，往往会发现两者的高度一致性，也就是说经过多年的对抗，结果却是两人越对抗越像，而不是越对抗越不像。

这就像是一生的宿敌最后往往会收获超越友谊和亲情的理解与尊重，因为要赢，就要长期深入地研究对方，包括研究对方的致命弱点和内在恐惧，以及其终极渴望与幸福的来源。

在现实中，这是一个无比漫长的研磨过程，这个机制无时无刻不在渗入对抗双方的内心，等明白过来，它已经长在了各自的身上，刻进了各自的内心和行为习惯里。这是因为对抗中的学习更为深刻，它足够激烈和极致，所以学习的深入程度同样极致，模仿起来也深入骨髓。

另一个自我

要真切懂得对抗背后的作用机理，第一步其实就是面对，因为逃避毫无用处。

第二步是接纳，对已经发生过的对抗和后续造成的影响，以及当下认识到这一点后的心理变化，这三样事实都要接纳。接纳是看见后的放下,不是打碎,也不是抛弃,而是承认它的存在,只是不再背负着它。

第三步是感谢,感谢曾经发生过的一切,尽管让自己伤痕累累,但也是在为下一步的真正告别所做的铺垫。感谢会带你迎向新的关系,对抗者和被对抗者都将从中找到面向未来的力量。也只有感谢,过去的阴影才会悄然消散,否则就像脱去粘在皮肉上的衣物,很痛很艰难。

第四步是告别,这个仪式会给人开启新旅程的暗示,意味着换一种生活方式,彻底更换一种互动模式。

因此一定要清楚,所谓对抗的对象,只是你心中的另一个自我,你接纳了这个对象,就接纳了另一个自己,然后现实生活中你所反抗的对象也就不会再来打扰,其实无非是另一个内在的自我变得安静了。

为什么有时候脱离反而意味着更深的联结

脱离带来解脱感,并伴随着内心的孤立无援感,这无疑是一次真正审视自己的机会,同时也是以己之苦回望上一代的机会;此外,一些机缘的降临,也会令创富一代开始理解二代成长之路的必要性。于是一路走来,经历了分离产生的愤怒和焦虑,却收获了彼此的靠近和真实的联结,最后基于相互尊重懂得了真实完整的爱。当双方都能以成年人的方式来看待整个家族的未来,这便构成了传统形成的核心路径和真实意义。

家族企业的第一代企业家往往认为,只有二代在自己身边才是"在一起",他们很难理解二代离开企业的行为,甚至会将其视为"背叛",因为他们自始至终都认为自己就是孩子最好的老师,而企业无疑是二代最好的归宿。但事实证明,恰恰是经由一次或多次的分离,双方才有机会更加真实地看见彼此。

身处代际关系之中,亲情加上巨额财富的力量、庞大的企业组织和社会地位的影响,整个系统对二代的吸附力极大。而这个系统的灵魂是作为第一代企业家的父辈,二代从刚开始感觉到的刺眼荣耀过渡到肩负难以承受的重任,成年人内在的意识越来越强,但又不能用适当的语言跟父辈说清楚,当然父辈也不会有这个耐心,往往二代刚一说出口,父辈便会顿感错愕并生出愤怒。这导致二代可能会用各种各样不愉快的方式脱离以上一代为灵魂的系统。

解脱与孤独

当二代意识到生活中的一切都要靠自己来打理时,那种解脱感都还没有完全消退,一种深刻的孤独感就已经扑面而来并包裹了自己。两种情绪交杂袭来,会给二代带来极大的不适和困惑。另外,因为自己当年攻击和无法接受的就是上一代的训导,所以现在无法再去寻求上一代的帮助,不管是借钱还是借用父辈的资源。

对于二代的离开,父辈通常会觉得颜面尽失,想不明白为什么自己连孩子都管不好,于是就抱着看笑话的心态,认定孩子出去肯定会摔得满身是伤;可作为父辈的亲情力量也会泛上来,因为孩子毕竟是自己的亲生骨肉,万一在外面出了事怎么办,这种复杂纠结的心情也会纠缠上一代一段时间。

第一次的相互注视

由分离激起的痛苦和纠结的阶段结束以后，接下来双方就开始有一些心理上的变化。我们先从二代的角度阐述。

二代看见了自己独立面对世界所产生的诸多不便、难堪甚至走投无路，原来以为可用的关系资源，现在感觉越来越缥缈和不真实，自以为拥有的一些个人能力，在现实面前暴露出很大的差距。这个过程中只能咬着牙往前闯，为自己争口气，受了伤再站起来。直到有一天，上一代的影像重现眼帘，耳朵里开始真切听见过去上一代所讲述的故事，上一代的形象变得鲜活了起来。二代开始第一次真正地注视自己的父辈，并将其还原成了独立的个体，而不再是那个无论为自己付出什么都被视为理所当然的父亲（母亲）。

直至这一刻，成年人的完整概念才算回到了二代身上。他们会发现，原来任何的自由都与责任相伴而生，而任何的成就都需要付出艰难的代价。曾经虚无的概念一下子变成了真实的感悟，然后融入了现实的生活。

对于创富一代来说，假使有第三代出生，他们通常都会嘱咐二代要多留一点时间陪孩子，这个源自人伦之情的举动，会让他们回归到爷爷（奶奶）的自然人身份里。当他们对二代继续提类似要求的同时，会发现自己当初也没做到，然后他们会联想到自己的童年时期以及父母养育成长的历程，也包括在社会上打拼的经历。这种种的回忆都会让上一代醒悟，原来孩子的要求有其合理性，并不见得就是为了背叛他们，这无非是一个人正常生长、独立面对世界的必经之路；没有人可以剥夺个体独立面对世界解决问题的机会；同时父辈也看到了自己正是因为过往对孩子缺乏陪伴，现在才会用力过猛，而孩子也恰恰是迫于这种压力才离开的。

上述相互的理解，正是建立内在联结的心理基础，因为彼此看得见对方的另一面，以及事情发生的合理性，然后懂得彼此都是独立的成年人。所以，这次脱离反而让彼此联结得更深了。

这个过程可能需要两三年，甚至三五年。双方从有意识到采取行动需要一段时间，因为他们都要从过往的情绪里走出来，还要顾及各自作为成年人的面子，所以实际过程要比想象中长一些。

唯有如此，联结才能变得一步步趋近真实，因为它是一条条线编织起来的，从刚开始的深度痛苦和愤怒到困惑迟疑，然后到彼此终于有机会开始看见和理解对方，并且逐步加深。双方的感觉通常是同步的，因为内在还有血缘亲情上自然靠拢的属性，这种力量来自家庭系统本身。

真实完整的爱

经历了这个过程，当双方再一次走到一起，不管在物理空间上是否在一起，关系都会更加真实，情感也会变得更为深切，心的联结也越发紧密，这样基于相互尊重所建立的爱才是真实完整的。二代无论是回到企业平台，还是在外打拼，个体也都会更富有生机。而作为家族企业的第一代创业者，他们会觉得这一生创造过的辉煌已经是既成的现实，剩下的问题是爱有没有得到延续、家能不能团结，这才是传统能否形成的关键。

总之，二代与创富一代之所以可以进行有效对话，是因为双方达成的共识是基于成熟的思考和对彼此的尊重。

第三章

如何看待第三代对上两代关系的影响

家族企业的第三代看似得到了上两代人的全部关注和爱护，可这里边隐藏最深的伤害却来自一代和二代不融洽的关系，因为孩子只会去模仿和学习大人的生活和关系状态，并且复制到他们未来的人生中。当然，第三代的诞生也可能是一种解决创富一代和二代之间关系紧张问题的动力。这个资源能够帮助两代人打开新的对话空间。当话题变得柔软有趣，过往惯常的压迫感中会慢慢透进一道光来，两代人的爱才有了自如流动的可能。

第一代企业家不单是财富的缔造者，通过树立模范也完成了对其责任的演绎，由此衍生出的价值观被定义后就形成了家族传统的核心内涵，并以此指导家族的未来。如果没有二代、三代、四代，也就是说没有后代的传承延续，这些核心内涵也就无法成为一个真正意义上的传统。

漠视与眷顾

很多家族企业的第三代诞生于上两代人纠结、冲突、磨合的过程中。第三代幼小生命诞生时，一代通常已经步入晚年，新生命带给他们希望，让他们焕发生机，重燃激情；在生理层面上，这些幼小而旺盛的生命在他们身边围绕，对他们的身体也是一种滋养，所以他们非常愿意靠近这些孩子。和三代在一起的时候，一代的感受就像听见流水潺潺，树叶沙沙响，小鸟鸣叫，看见阳光慢慢洒过来，一切都是如此美好和柔软。于是三代从小就会受到来自爷爷奶奶的眷顾。

二代对于父母喜欢自己的孩子，在情感上当然是乐意的，但时间长了发现父母有时介入过深过猛，以至于超越了边界。二代就会觉得不单自己要被上一代控制，自己的孩子也要被控制，随之生出新的烦恼。然后，二代会重新想起他们和上一代之间其他的冲突，无论是涉及公司管理还是生活方式，这会让二代感觉更加压抑和不舒服。

系统性伤害

夹在中间的第三代，能感受到家里不和谐的气氛，通过观察，他们已经发现家里的权威是爷爷（奶奶）。而靠向权威是一种基本的人性需要，因为感觉可以被保护。在这个过程中，二代的缺失感会越来越强。大家都争着以自己的方式对三代表达爱和关切，可一代和二代的关系不融洽却是对三代最隐蔽的伤害。

这种不融洽给三代带来的影响是多重的。他们会很迷惑，可能会变得很乖巧，夹在中间会有一种不自觉的压抑。二代在这个过程中也很压抑，就会跟妻子（丈夫）争吵，那是一种无力感的发泄，而这种无名火同样会被第三代捕捉到。还有一点最重要的影响是系统的力量，等到三代成年，自己有了孩子，他们也会用同样的模式处理家庭关系，这又是一个轮回。对家庭问题模式的复制（参见本章"什么是家庭问题模式的复制"）当事人通常并无觉察，等到略有感觉，孩子已经长大了。

善用三代身上的光

因此，二代在陪伴孩子的过程中，要给三代讲述家族故事，要有意识地在三代面前建构出自己独特的父亲（母亲）形象。例如讲述自己所从事工作的意义、与三代的关系、一代赋予家族的宝贵价值、自身从创富一代身上习得的优良品质等。如果不去讲述或者不去通过日常的各种场景做这个区分，孩子很容易只记得爷爷（奶奶）的强大存在，忽略了父亲（母亲）。

父母的陪伴是任何人都不能替代的，他们跟孩子的磁场是独有的，那里面有一种天然的联结感，一旦断开，孩子的心理上就会出现潜在问题。所以，持续的联结是保证孩子健康的根本营养液。这就是家庭系统的力量。

同时，家族一定要有自己精神教育的空间，通过典型物件和家族故事让孩子沉浸其中，这样他们的行为就有了传统的依据。我们正在帮助家族创造包括家族学堂、家族旅行、重要的家族晚宴等一系列活动。通过这种家族聚会的场合，把传统精神植入，让三代耳濡目染，确认自己是谁，并形成他们内心的记忆。总之，三代能够帮助两代人打开新的对话空间，在两者过往惯常的压迫感中慢慢射进来一道光，这会让大家都能体会到一种松弛感。

松脱和流动

但这需要二代对自我有高度自觉的管理，需要注意倾听创富一代的想法，不要急于发表意见。指望创富一代跟自己的想法完全一致是很困难的事情，要多一点去理解他们。了解产生共情，与父母相处也是一样的。

无论如何，三代的出现都给了上面两代人一个柔软下来的机会，因此当一代讲二代小时候的故事，不小心就会讲出二代从没听说过的事，二代甚至从没看过他们的那种表情和神态。这个时候二代可能会被某一个故事打动，或破解了留在心中很久的一个谜，松开了心中的一个结。那种解脱和放下的感觉很难言传，他们会一下子明白很多事情，同时也拥有了从未有过的力量。重负从身上悄然脱落，这是在一种爱的氛围里发生的，代际之间的正向力量得以显现。二代也许会第一次体验到这种情感流动的力量，突然发现很多东西只是自己抓着不放，事实上并没有人在逼迫自己。带着这份轻松，站在新的视角再看，事情的颜色、结构和密度都发生了变化，这会给二代带来举重若轻的能力，然后，他们发现自己大有可为，在原来看似逼仄的空间里也可以做到游刃有余。

二代要有意识地在日常生活中去创造爱的场景，在这个过程中，二代会发现父辈也许是第一次听见了自己的诉说，看见了自己在哪里。创富一代也开始理解二代的一些行为，继而触碰到他们内心柔软的部分，这些场景很难描述，不一而足，有可能是在饭桌上、旅行的路上、也可能是在会议场景中或者庆典里。

当二代的内心松脱，自然会有感恩的心，然后内心空间里明亮的部分会越来越大，因为压抑带来的各种毛病就没有了。二代不用再天天喝醉、跟妻子（丈夫）吵架，或者用冷暴力的方式跟父亲（母亲）对抗。这样，二代的本分就回来了。

二代也会发现自己没有从妻子（丈夫）那里刻意地要，却找到了力量。妻子（丈夫）看待孩子与爷爷奶奶（外公外婆）的相处的角度也发生了变化，这都是因为二代不一样的状态给了伴侣能量。二代小家的气氛开始发生变化，三代就不会再有被夹在中间左右为难的感觉。一代的行为在这个过程中被滋养以后，他们调整起来也不用磕磕巴巴，就像当关节柔软之后，轻轻动起来就可以了。这样就形成了正向的循环。这是可行之路，也是成本最低之路。

第三章

二代如何善用偶像的力量

我们敬重或者崇拜偶像是因为感受到了偶像背后的精神气质或者人格属性，他们恰好就是自己理想自我的化身，所以偶像不但对我们成为谁具备引领和标定的作用，同时还提供了归属感和踏实感。在家族企业传承的议题里，创富一代作为权威的特质与偶像有所重叠，如果二代能够从偶像的角度去打量一代，那么允许和接纳将会发生，自身也会拥有善待和正视自己的能力，从而更有力量去面对与家人以及世界的关系。

"混混沌沌的那段时期里，是在演唱会上亲眼见了偶像之后，我才感觉一切都变了。"

"那一刻真的觉得活过来了，毫不夸张地讲，真的是从半死不活中一下子醒过来了。"

"没想到一个偶像真的会对人产生巨大的影响，我也希望我日后可以这样去影响一些人。因为我还是觉得帮助他人才是最快乐的。"

这是一位年轻的家族企业二代在自述文章里的几句话。他讲述了自己和被他在文章里称为"某人"的母亲之间的种种矛盾,以及如何被偶像从颓废无望中唤醒的故事。

年轻一代追逐偶像的行为常常不被父辈理解,甚至会被指责为虚掷时间和金钱,父辈更不会考虑如何善用这层关系的动力来支持传承大业。

其实,自然人崇拜的偶像,通常是自然人格的基础,故而能反映作为一个自然人内心最深处的部分。偶像是榜样,是牵引自己前行的力量,是心中渴望成为的自己。偶像是引领的光,会有疗愈作用。人在失落的时候,看看自己偶像的电影、传记、书信和日记,或者像这位年轻人创造机会直接见到偶像,就会倍受激励。当遇到困难的时候就会想,偶像也曾经遭受过这样的打击吗?他(她)是怎么样度过的?

偶像有震撼内心的力量。帮助追随偶像的人更了解自己,偶像也因此变成了他前行的真实动力。这是自我肯定的一部分,内心会受到安抚。比如把松下幸之助作为偶像,心里就会有这样的暗示:我是像他这样的一类人。人有了自我肯定和自我归属感,就不会轻易躁动不安。

偶像还代表了某种意义上的权威,这一点和创富一代关系有类似的部分。只是与偶像之间的关系没有那么日常。偶像关系通常有一些距离效应,导致被看到的美好部分更多一些。偶像作为旗帜、作为明灯，在追随者心目中是完美的，即使存在一些不好的东西，追随者的内心也倾向于把它们视为偶像魅力的一部分。但是，二代跟父母生活在一起，父母日常的情绪都很直接、明显，而且日常生活也会把上一代一些可能很杰出的观点和成就变得平淡，于是他们的引领作用不一定那么强；反倒是，亲情可能带来的溺爱或者是过分的斥责容易导致情感上的叛逆，甚至不自觉地放大了父母的缺点，年轻一代也容易感觉有被控制感，从而选择逃避。

因此，善用偶像关系可以推动解决和创富一代的矛盾。如果可以发现和偶像这个权威之间哪些地方存在症结，通常和父辈关系的症结也是在这个地方。这就便于去找出有效的解决方案。通过讨论与偶像的关系，可以引出对权威的看法。经由层层疏导，就可以破解年轻一代和创富一代矛盾的核心，解决之道自然就会浮现。

同样，这些偶像也有家族，有他们与他们家族成员相处的模式。深入地了解他们在成长为杰出的个人的过程中，是怎样从家族汲取力量的，譬如，有些人可能不自觉或者顾及不到，但有些人对家族内部的关系处理就非常到位，哪些不到位给他（她）带来了什么伤害和代价，哪些到位又为他（她）朝着自己的人生目标迈进带来了多大的帮助，从中得到的启发也会加强自己跟偶像之间的联结。这种联结感越强，从偶像那里借到的力量就会越强。

最后，要理顺和偶像的关系，就不能陷入虚妄。有时候偶像会带来一种虚幻，这会让你的行为错位，让偶像失去正向的引领作用，让你今天的痛苦更加夸张，因为偶像毕竟不是当下的自己。在汲取力量的过程中，要更加注意对照现实的环境，更多地看偶像在当时的环境中是如何与自己相处的，找到那个本质，而不是只看现象。

一旦真实地靠近偶像，就会发现他们付出的比想象的要多得多。人们往往只看到偶像在舞台上的光辉灿烂，却不知舞台下他们经受的磨难和付出的心血。偶像是一步步生成的，要了解那个生成的过程，譬如，偶像是如何对待荣耀和沮丧的。家族企业的二代，是身担重任的人，偶像的这种经历对他们就会特别有启发，既要努力，也不能急躁。

这位二代的故事写得很长，我很高兴看见他借取到了偶像的力量。他在听到偶像要他好好生活，并希望不久能再见到他的那一刻，他"真的觉得自己活过来了"。

我希望这位年轻人能看到我的这些看法，并有机会一起探讨如何进一步善用这一关系动力，来帮助他与自己的母亲达成进一步的和解。

为了进一步说明偶像的力量，我在这里再补充一个案例。

来自金融家族的二代关锦丽在英国学习的专业也是金融，但她内心却渴望平和与安静，喜欢中国传统文化。在关锦丽见到自己的偶像——著名茶人李芙蓉老师之前，我给她讲过《华严经》里善财童子五十三参的故事。李老师是我带她参访的第一位老师。

第三章

清静安定的李老师用一个半小时的时间把二十年在茶里的心得悉数交付。过程里，关锦丽自始至终正襟危坐，恭敬谨慎，悉心倾听，间有提问，也获得了李老师及时的解答与赞扬。

李老师离开茶席后，关锦丽放松了很多。说自己有被照亮的感觉，深受启发，不仅想通了职业和本我人格看似不协调的问题，还启发了她重新看待和父亲的沟通难题。在完成自我肯定的同时，她也更理解了父亲。

偶像是心中完美的自己，拥有巨大的内心支持力量。关锦丽与仰慕已久的偶像李老师近在咫尺，看一杯茶如何在李老师分分秒秒专注的照顾中平和饱满地呈现出来，理解了泡茶人与茶的关系，更悟到了几十亿并购的案子也只是需要这般用心照顾利益关联人的内心细节，不疾不徐，反而更容易达成。最重要的是解除了内心要不断看见所谓"残酷"场面的纠结，在自然人格和职业人格之间找到了平衡。这份突然感觉到的踏实，也让她找到了和父亲沟通的认知基础。此前，关锦丽怎么都不能理解，典当行起家的父亲，在谈及金融之时，一直将悲悯作为根本解决之道。因此，她在是否接班的问题上一直犹豫徘徊，回到企业这几年也一直是抱着帮帮父亲的心理。而又因为时常被人认为"不像做金融的"，加剧了她的自我怀疑。

现在，关锦丽深刻地意识到，对偶像关系的善加利用，正是传承中重要的关系动力。关锦丽在与偶像相处的一个半小时里，不但看到李老师如何通过泡好一杯茶滋养了自己的内心，也听到了有着安定内心的偶像是如何以感恩之心善待家族及企业成员，甚至通过身体力行惠及社会大众，从而也得到这些关系善意回馈自身的。李老师经营的茶生意很成功，究其原因，也无外乎在于她像善待一杯茶一样，专注平和地做好每一步，并将此视作本分而已。

当然，正如李老师也是经由二十年持续专注的耕耘才有了今天一样，成为偶像的路上也免不了遇见各种冲突和曲折。正是一次一次从茶里找回的信念，给予了她重新回到平衡的力量。

如今，关锦丽才刚刚要迈开接管父亲大业的第一步，未来有着太多的不确定。但是，正如关锦丽向我表述的那样，未来艰难来临时，她会从偶像李老师身上找回这份坚定向前的力量。也相信自己能在经营好事业的同时，照顾好自己的内心及周遭关系，不负所托。

的确，人在偶像的身上，可以获得一种"我属于这类人"的心理归属感，不会因为别人一时的评价而纠结，从而获得内心的安定，走自己的路，坚定向前。事实上，带领我们的服务对象以各种可能的方式亲近他们的偶像，借取偶像的力量，正是"传承七灯"在具体实践中的作业方式之一。正像后来，我们不但在第一时间把李老师的新书送给了关锦丽，也协助关锦丽与李老师建立了定期通信的关系。关锦丽第一封手写的书信内容，正是那天李老师离开茶席后，她向我表达的感受和收获。当然，这只是一个开始。

第三章

二代如何善用"与内在自我的关系"

　　人与自己的关系永远都是其他关系的原点,只有当你放下施加在家人身上的期望和控制,转而用其来深度检视自己之时,整个家庭系统才会因为单个元素的变动,产生动力上的根本变化。表面看来几乎没有做任何惊天动地的事情,一切只是在静悄悄地进行,但这给之前较劲的对象,以及整个系统都会带来巨大的支持性力量,而自身也会成为系统内最大的受益者。

　　在关系中,人们往往习惯于期待别人按照自己的心意做出改变,这样会让自己有一种自我肯定和主导感。但真正有效的关系需要在一开始就把对别人的期待转到自己身上来,也就是说站到关系的另一方来看,自己哪些部分会引起对方的不适,并宁静和深入地检视自己能够做出的调整。

　　一开始的调整,会让人有天然的不适感,但长远来看,它不但可以让你作为一个家庭成员对整个家族释放出更大的支持力量，同时也会让你获得其他成员的支持。这就回到了正确的道路上，因为自己永远都是关系的原点，这也是我们反复提到的本分的内涵。反复检讨的过程中，有些没期待过的感受，会进入心境，刷新当事者对关系的认知，经常发出"原来如此"的感叹。

我们可以先从容易的部分开始，沉浸并且感受行动带给内心的变化，当把焦点转回自身，松开拔河绳子一端的时候，力量会自动回到自己身上。原先力量都使在较劲上，客观上就会造成盲点，而这个盲点，其实就在自己身上。所以当我们松开拔河的绳索，带着整体的力量再看自己时，会发现原来认为自己没有能力处理的部分，其实并没那么可怕。

当人看待问题更加冷静平和，不同的资源和元素会开始重新配对和构建，我们就会发现从未得到响应的内在部分，与原来的拔河对象无关，原来自己不用费力就能获得它。脱离原来的用力感，只是松掉绳子，自己却获得了另一种平衡，审视自己的能力也会得到大幅提升。当情绪平复，内心平和，内在的本质就容易被呈现出来。因为浪涛翻滚的时候，当然看不见石头的样子，水落才能石出。

与此同时，当系统外任何一个元素加入进来，或系统内任何一个元素发生变化，整个系统都会跟着改变。所以这么一"放"，对方动力也会跟着改变。有时就是那么一歇，万千念头突然断开，清明世界就会到来。当看自己更完整，并在行动中感受越来越丰富时，也就会越来越明白外边的关系都是自我的投射。

这里还需要强调的是，放弃不是放下，而是纠缠的另一种形式，因为客观上当事者和系统的关系并没有解决，对方感受依然在受到攻击，因为他感觉不被在乎了，这和松手（放下）是不一样的。松手并不是放弃整个事情不管，只是把焦点向内转换，回到自己的本分上来，但并没有失去对自己以及对对方的关切。

为了更好地理解家族企业二代如何与内在自我和解，我接下来结合日本艺术家奈良美智的故事做进一步的说明。

奈良美智把他画的一张张因恐惧而愤怒的小孩画像，放置在二十六个不同的房间里，来自不同国家的各个年龄段的观众，按规定走入一个个房间，与画像对视。这些画中不安的小孩面孔感动了千千万万的人。

此次全球巡回展中，奈良美智在韩国遇见一个小女孩，她买了一本巨大的画册找他签名。在与小女孩的母亲多次通信的过程中，奈良美智得以明白那个小女孩正是过往曾经的自己。展览最后一站他来到了自己的故乡，展览结束时，奈良美智用火烧了这二十六个小房间。这是一部有关日本著名艺术家奈良美智的纪录片所讲述的故事。

这个故事堪称与内在自我和解的范式，深具教育意义，它向我们展示了趋向自我和解的四个关键步骤：面对恐惧，感知接纳，看见成因以及告别仪式。

事实上，每个人内心都有一个内在小孩。只是我们很少真正认识他（她）。内在小孩被深放在潜意识的仓库里，但正是这个内在小孩左右着我们关键时刻的作为。奈良美智童年的时候，由于哥哥们都大他很多岁，母亲又是职业女性，这让他常常处于孤独之中。他选择一个人在家用画画的方式直面那个受伤的小孩。来自全球各地不同肤色、不同年龄的人按他规定的方式进入一个个展室，让他深感被接纳。观者无论是感受到了那画面中小孩的逼视，还是看见了自己本身的内在小孩，都与画作中的小孩建立了广泛而深切的联结；在韩国与个小女孩及其母亲的相遇让奈良美智看见了这个内在恐惧生成的原因；他用火烧掉那些曾放置"内在小孩"的房间，正是与内在小孩告别的仪式。迁入新房间，要放入新家具，新的人生要开始了。我对奈良美智所做的这个心理分析，在他之后多个访谈和传记中得到了他本人的证实。

中国家族企业的二代群体，童年时期通常正值第一代企业家创业初期，故而缺乏陪伴。而这样的陪伴对每个人的人格平衡都是至关重要的。童年时期父母的爱无人能真正替代，无论是身体还是眼神的接触，甚至只是陪在身边。所以，二代群体内在小孩的叫声很大，被抚慰和回应的需求也很强烈。我们现实中看到的现象，表现为两个极端：要么因陌生而抗拒和逃避，要么因孤单而过度索要。如果二代的内在小孩不能长大，他们就会感觉不够完整，也就没有能力和传承系统中其他六种关系和解，更谈不上很好地把控。因此，与内在自我的关系是所有关系的原点，所有的关系都只是这个关系的投射而已。

第三章

"传承七灯"正是这样一组检测器和平衡器,是与自己和解的动力集合。

我们可以通过与你有着相近背景的六个同辈在一起的团体研习,在教练的引导下,利用团体动力帮你打开内心,看见那个内在不安的小孩。当然我们会辅以不同的手段,包括一起观看类似奈良美智纪录片的视频资料。你可以感觉你并不孤单,并不只有你才有这份内在的恐惧,你可以感受到来自同辈的接纳和拥抱。

我们可以把偶像带到你的面前,借助偶像的力量,和你一起面对你内在的小孩。偶像是感召你向前的灯光,让你拥有更多的勇气。偶像也同样被自己的内在小孩不断地袭击过,带来一次次挫败和沮丧,他们与之和解并走过来了,从而成就了他们今天的荣耀。

我们知道,"面对"是最重要的一步,也是最艰难的一步。谁也不愿让悲伤和恐惧重现。这很痛。但决不会因为你装着看不见或是不知道,这个曾经受伤的小孩就会离开。他(她)潜伏在那里,需要被照顾。团体研习中的同辈和偶像,都会向你证明一个不争的事实:你今天已经拥有更多的资源和能力,你可以面对并安抚这个最亲密的朋友。

当你认出这个内在小孩,并有勇气面对他(她)之后,我们会和你一起设计,去学习、去体验贫穷,并在这个过程里找到被接纳的感受。也许,你选择去贫困山区的小学支教三个月,和物质条件极度匮乏的人在一起。你会看到他们的笑容里充满了温暖和力量，他们对你的接纳和善意是如此真诚和慷慨。你会更了解，也更接受自己。你会发现，那个隐藏在黑暗里的内在小孩并没有那么可怕。

同样，在我们的协助下，你可以经由对与上一代关系的检视，深刻地了解你内在小孩生成的主要原因。你会发现，父母依然是这个世界上最深切爱着你的人，他们为不能在你最需要陪伴时在你身边而深深地愧疚。且不说他们有无法言说的不得已、心酸和不堪，你更可以了解到，无论过去还是现在，他们都急切地想找到一切可以弥补你的方式。你并没有被真正放置不顾。那份不得已的隔阂正等着你和他们一起跨越。你知道那个内在小孩生成的原因，同时也看见了父母正是治愈这内在小孩的重要动力。

最后，你可以选择在家族其他成员都在的家族晚宴上，甚至家族企业各层级都在的年会上，正式宣布你与那个曾不断袭击你的内在小孩告别，或者你和自己的内在小孩热烈地"拥抱"在一起。你自此得以获得完整和平衡。你会在家人们的掌声里得到支持的力量。他们和你一样都理解和抚慰了那个内在小孩。你在他们心目中也更有力量，更值得信赖和拥护。

所以，"传承七灯"中的任何一灯都可以成为照亮那个内在小孩的力量。当然，一直陪伴在你左右的教练和导师们更是你可借取的动力资源。我们会从不同的视角来尝试了解你，最重要的是我们观照、问询和启发你的所有努力，都指向让你可以拥有更好的自我觉察的能力。你始终都是解决问题的主体。事实上，你拥有的自我觉察能力才是你最好的老师。你了解为什么这件事这么容易惹怒你，那件事上你为什么如此胆怯，此刻你为什么犹豫不决，那时又为何不知停歇地索要，于是你拥有了停下观看、平和思考和勇敢面对的机会。你会用这最大的礼物奖赏自己，也更可以让与你在传承系统中必须面对的各种关联人等得到滋养和馈赠，一起体验融洽和自在。

如何破解代际传承中的
"内疚情结"

内疚是一种隐藏得很深的对他人的负疚感,也是一种持久的病态情绪。唯有通过从面对到了解,到道歉,再到接纳和感恩的过程,才能真正帮助对方从既成事实中走出来,推动双方放下心理包袱,穿越隔阂,走向融合。

朱氏父子现场两次紧紧地拥抱在一起,热泪盈眶。

当我邀请已明确走上接班之路的朱云飞用目光正面看着自己的父亲,说出自己感受到的父子之间的一些"不理解"时,朱云飞在短暂地望向父亲一眼之后,将头转向一侧,长时间地无语哽咽。终于,父亲走上来紧紧地拥抱了朱云飞。从拥抱中获得力量的朱云飞又停顿了数秒之后,望着父亲讲出了他对童年缺失父亲关爱和陪伴的感受,也讲出了今天怕辜负父亲重托的复杂心情。我问朱云飞此时的感受,他做了个手势表示自己的平静。接下来，双方又公开表述了对交接班过程中同一个问题双方不同的理解（这些问题都涉及对父子关系的认知）。最后，父子俩再一次紧紧拥抱在一起，他们背负的内疚情绪得到了进一步的释放。

内疚是一种隐藏得很深的对他人的负疚感，从内心深处觉得对不起关系中的另一方。内疚是一种持久的病态情绪，长时间的内疚会对自我造成巨大的压力，对关系造成难以估量的破坏。内疚也会导致当事者的行为扭曲，惊慌失措，唯恐对方误解自己的行为而被再次伤害。事实上，又造成了一种累加的压力，放在心底。

内疚往往来自一种假设，假设自己在关系中没有尽到应有的责任，通过自我责备来寻求一种心理补偿，从而获得一种心理平衡。本质上，这是一种逃避，对已经发生的事实不敢面对并澄清。因为面对和澄清需要重新走进过往，重新经历那些艰难。

但事实是，唯有面对并向另一方当事者真诚地说出自己对已经发生事实的无能为力，如实陈述当时自己不能妥善处理相关问题的缘由，坦承自己的真实心情，并真诚地道歉，才能看见另一方的真实感受，才能对这一既成事实有一个相对全面的认识，对其生成原因有更深的了解。没有了解就没有接受，而唯有接受才能放下。了解和接受，才能生起真正的感恩心。感恩心是一种积极的正能量。感恩心带来的平和的力量会帮助自己放下负疚。

这个从面对到了解，到道歉，再到接纳和感恩的过程，也是真正帮助对方从既成事实中走出来的过程，会推动对方也放下包袱，不管这个包袱是恐惧、陌生、怨恨抑或担忧。只有双方都放下包袱，才能穿越隔阂，走向融合。没有放下就没有平和，不平和就不能如实面对，不能如实面对就会带来行为的扭曲和更多的彼此伤害，直至这种伤害造成的压力双方都无法承受，最终选择一劳永逸地放弃。

值得提出的是，内疚一开始颇具欺骗性。给自己一个理由，以减轻自己在关系中处于道德劣势的恐惧感。这种暂时的自我平衡，会鼓励自己倾向于认为这是一种很好的纾解途径，从而在这条路上越走越远，直至内疚不断累积，并悄悄转化为难以承受的压力而导致自己寸步难行。

家族企业传承中的内疚情结，通常起因于上一代对未成年期孩子的照顾不周。孩子成人之后，上一代急于补偿的心理会导致过度给予，反而给孩子造成了新的压力。这种压力被上一代感受到以后，又会让他们增添一种新的内疚感。另一边，孩子生怕辜负创富一代的期待，又不知该如何表达。这种"怕辜负"其实是另一种内疚的表现，同样具有隐蔽的欺骗性。而且，这种暂时的自我告慰，客观上会与上一代的内疚形成合谋，导致双方走向更深的误读和对立，直至不堪承受。

由于内疚情结极具隐蔽性，单靠当事的双方很难发现。但这种内疚情结持续纠缠下去，就会给双方带来沉重的无力感，他们所受到的伤害也会隐蔽且难以应对，其早期症状通常表现为彼此感觉不被理解，都很压抑，又无法向对方准确地表达出这种感受。双方所做的"谨小慎微"的努力又往往事与愿违，代际关系有一种紧绷的不自在感。这需要双方高度警惕，及早邀请具备资格的专业服务人员适当干预。

正如本节开头一幕，传承教练在深度访谈朱氏父子之后，共同设定了一种安全的场域，从双方日常感受最多的不自在场景开始，经专业引导，挖掘并呈现了深埋在双方心里的内疚情结。双方看见真相，并倾诉过往的感受和今天的新认识，从而完成一次从面对到放下的和解。

最后提示：内疚是一种很深的负能量，暂时的释放只是双方（也是与自己）和解的起点，一旦离开相对安全的场域，回到日常，由于各种事件的刺激，内疚情结极易卷土重来。这需要双方高度自觉，并在专业教练的指导下，善用"传承七灯"及其关系动力，才能完成全面的疗愈。

如何在传承关系中善用倾诉的力量

相比于企业组织内普通的工作讨论、汇报、沟通，倾诉更像是一种情感的流淌，而正是这种流淌会让理性秩序得以呈现，获得一种解脱感；同时，倾诉可以促进对话双方内心真实靠近，并获得足够的自我肯定感。对于传承中的两代人，传承从来就不是一个动作，而是一段持续陪伴的时光。善用倾诉这一沟通工具，可以帮助彼此完善人格，也让关系从僵硬脆弱转为柔软坚韧，创造出真正的伙伴关系。

倾听被公认为是建立良性关系的最佳通道，相比之下，倾诉被误解的程度要大得多。向他者倾诉，往往被认为是不够坚强的表现。事实上，倾诉和倾听在深度沟通中至少同等重要，倾诉甚至需要更大的勇气，尤其是对身居重要职位的人来说。

倾诉本身就有很好的疗愈效果，通过对困惑、委屈和不安等诸多情绪的释放，获得一种解脱感，因为过程中倾诉者会发现自己先前的一些自我设定并不成立。并且这也是倾诉者唤醒倾诉对象的同情心和同理心并获得理解的机会；倾听者也会因为感受到被深度信任而体会到自己之于倾诉者的价值，也可以发现倾诉者的真实症结，给予更真实准确的支持。同时，经由这个过程，倾诉者也会了解到倾听的重要性，更有意愿和能力成为对方需要的有效倾听者，增加在现实中互换身份的概率，体验到彼此信任的力量。

遇到困惑是不可避免的，尤其是身处家族企业传承系统里的两代人，因为企业组织具有更强的社会属性，产生纠葛的因素也更为复杂。倾诉可以促进双方内心真实地靠近，就像两棵并肩的树，树冠和树根都要紧密相连。这种真正的在一起，会给彼此带来足够的自我肯定感。这正是爱的本质。内心交换的空间越深越广，爱的肌理就会越温暖越明亮。

现实中在一个事业平台上的两代人，内心却很少同步，甚至会生成更大的隔阂。原因是，上一代企业家在创业过程中经历过诸多艰辛和磨难，学会了将自己内心的情绪严密地包裹起来，养成了所谓坚强的性格，甚至也常常引以为傲。如果向下一代倾诉，就会感觉破坏了自己的"完人形象"，于是他们更愿意扮演训示者的角色，也往往不具备倾听的能力，加之二代此前成长过程中本就缺少创富一代在生活中的陪伴，没有养成深度沟通的习惯，这直接导致二代也没有向上一代倾诉的意愿。此外，二代回到企业，感受到上一代的辛苦，自认为不应再给上一代增添负累，于是会以此安慰自己，也选择不倾诉。就这样，双方都没有意识到倾诉可以促进理解。

事实上，创富一代适当地示弱，反而能激发二代的责任和信心。客观上，也可以鼓励二代给上一代以特有的支持，帮父辈破除一些障碍。由于两代人的成长背景和观念、视野不同，这种支持是完全可能的。更重要的是，这会让上一代在二代面前显得更真实和亲切。适当主动地打开一个缺口，反而容易避免坍塌式的破碎，这种案例在现实中并不少见。

反之，二代选择向上一代倾诉自己的困惑和不安，也可以帮助一代企业家更准确地了解自己，在工作职位和接班节奏等相关事务的安排上更符合实际，两代人的步调也容易协同。如果双方都逞强，不把藏在心中的压力说出来，关系的张力就会越来越大，从而爆发各种显性或者隐性的冲突，直至导致一方离开企业，造成对亲情关系和家族企业发展的创伤和损失。

由此可见，两代人都应尽早意识到倾诉的积极力量，善用倾诉这一沟通工具帮助彼此完善人格，特别是借助倾诉，增进内心的联结，补上此前缺失的陪伴，让关系从僵硬脆弱转为柔软坚韧。避免天天在一起工作，内心却经常擦肩而过的这种"比邻的孤独"。建立真正的伙伴关系。

传承不是一个动作，而是一段持续陪伴的时光。提倡倾诉的力量在今天的中国家族企业传承系统中尤为重要。

要充分利用倾诉的力量，首先要认识到，积极的倾诉是更负责任和信任彼此的举动；其次，可以借助家族其他成员的力量，起到破冰的作用；最后，可以委托具备资格的第三方专业服务机构，以专业力量辨析议题的真伪，创造合适的机会和场景，促成有效的倾诉和倾听机制。一旦双方体验到倾诉的积极力量，就会有更大的意愿采取行动。

二代如何面对创富一代复杂的个人情感历程

当二代将创富一代当作和自己一样的成年人去看待的时候，就会产生同理心和洞察力，尊重并相信他们会找到问题最优的解决方案。这个过程其实也是二代自己成年的过程，一方面他们对于人生的内涵产生了更为真切的体会和感受，另一方面则是使他们作为一个成年人出现在了父辈的认知体系里。在这样的基础上，家族的资源，以及二代自身的知识和精神储备，才会构成对二代自己真实的支持。但是在情感层面，上一代确实会给二代构成困扰，因此他们也要去接纳上一代内心的演变过程，也就是从刚开始接触、了解，到失望、愤怒、无可奈何，最后慢慢变成允许和尊重，进而开始感受到双方平等的整个过程。

创富一代拥有较为复杂的个人情感，这在中国是个心照不宣的普遍事实，两代人的关系被放置在这个具体背景之

第三章

下，其具体解决方案不一而足，个体性非常强。关于二代如何面对创富一代复杂的个人情感，我为此写过一篇文章《允许与接纳》（见本节附录），二代可以尝试抱着这种心态去面对，因为这类难题没有一个完美的答案。

发生这样的问题，通常是因为创富一代想要弥补过往缺失的心理动机。在现行社会条件下，这种方式至少在当事者看来，可以给他们内心一定程度的支撑，以抵御事业上的巨大压力，疗愈过往的创伤。当然，现实中也有人通过一些其他方式，通过高度专注于某种事物来平衡掉在工作上的巨大压力。

婚姻破裂的成本很高，尤其面对二代，创富一代还要付出情感成本，这都需要他们去仔细平衡。从二代角度来看，他们在情感的接受上挑战十足，理想中的零风险模式是不存在的。

单就二代来说，以允许和接纳的态度去面对婚姻破裂问题会使代价最小化，一是可以厘清自己和家族的关系，二是可以化解上一代在这方面的挣扎和压力。如果二代反应激烈，发生进一步的冲突，这其实会强化这件事的矛盾，进而增加上一代的挣扎感。这有可能进一步转化为企业管控中的失措行为，甚至是致命的错误，其后果就是对财富和家族关系产生更大的破坏。

当然，你可以说二代就是希望当事的创富一代遭受痛苦，让他们"迷途知返"。从情感上这可以理解，但这样做的代价不仅仅会反映在家族声誉和财富这些显见的损失之上，更重要的是还会破坏二代和上一代关系的正常发展。

成年人的允许

允许和接纳意味着什么呢？二代经常强调自己是一个独立的个体，婚姻和事业都要自己选择，不想让上一代干预过多，却往往忽略了创富一代也是成年人以及独立的个体，他们一路走来经历了无数次的失败和创伤，然后才创造了财富，并赢得了今天家族在社会上的影响力。这恰恰是二代在人生中还未曾经历的，所以不能把个人想象放在另外一个独立个体之上。

允许意味着尊重。尊重是能够站在对方的角度看问题，把对方当成和自己一样的独立个体。创富一代是一个趋利避害的人，无时不在小心地整理和呵护，本来目标也是为了取得更好的平衡，而不是故意做出自我伤害的行为，也包括对二代的伤害。所以，发生的一切，都已经是创富一代在高度自觉下反复权衡过的选择。

允许也会降低上一代跟二代之间的紧绷感，使对方感觉自己更完整，拥有自我检讨和关照的能力。尤其在这个过程中，创富一代可以了解到下一代作为独立成年人的成长和成熟，在身心放松的同时，客观上也推动了他们对二代认知的升级，因此会把更多资源和事务交托给二代，并给予应有的支持，这也是他们对二代表达尊重的方式之一。

这样就会减少创富一代对二代的控制，增加彼此对话的深度。在这个过程中二代也可以更加客观地看见上一代所拥有的特质，例如他们做事的勇气和创造财富的能力，以及他们作为企业家在投入公益事业时的真切意愿，等等，私生活的处理方式并不会影响这些人格的存在。

当二代看见这些时，会感悟到人性的复杂，在大小系统中成长的艰难，家庭和时代对一个人的塑造，等等。那么，经由这个事实，二代就会拥有自我反观的能力，凭借创富一代当年所不具备的精神和心理资源，去开始寻找使自己人生平衡和饱满的方法。最重要的是一旦付诸行动，二代会更加平稳和自信，然后客观上创富一代掌控的庞大资源，才会成为对二代的真实支持。

接纳内心的演变

接纳是指要接纳自己对婚姻破裂这件事的情感反应、心理变化，以及随后的理性思考、行动方案和相处模式，即接纳自己情感、认知和行动的组合，以及组合的变化过程，也就是从刚开始接触、了解到失望、愤怒、无可奈何，最后慢慢变成接纳，进而开始感受到双方平等的整个过程。对彼此关系演变过程的接纳，会使内心更加安稳踏实，拥有自我安顿的能力。

对关系中另一方的尊重，往往是了解自我的特别重要的一个路径，看上去是对别人的允许，实际上是给自我打开了一扇窗。就算上一代走在一条充满荆棘的路上，也必须让他们自己去走，而不是经由二代的对抗来改变现实。唯有如此，创富一代才有可能找到更好的解决方案，把对各方的伤害减少到最小。

每个成年人都要对自己的人生负责，当二代把父亲（母亲）作为一个完整的成年人去看待时，意味着二代自己也就成年了，剩下的就是在今天的这个时代和资源背景下，凭借自己的知识储备，对自己的人生做出选择。从此创富一代不会再把二代当小孩子看待，二代的反复诉求也才能更好地得到满足。

在这个过程中二代不能滥用评判之词。评判容易陷进某种概念里，其实只能让自己变得更加虚弱。只有回到自身，让自己完整地去正视现实，才能实现真正的成长，否则二代会困在评价系统里，被它吞噬。二代自己举起的盾牌可能会把自己压垮，最后他们自己消失了，剩下的只有盾牌。

第三章

附录

允许与接纳：一个二代的自我救赎

"大骐言社"微信公众号里一位署名 Hard Candy 的二代，述说了自己的真实经历：她是一个自小被父母灌输要成为家族企业接班人的女孩，经历了父母离异甚至主持父母离婚和财产分割的过程，在得知父亲外面有一个与自己年龄相差不大的私生子，又要重组家庭并与新妻即将生子的信息后，内心经历痛苦挣扎，最后她选择放弃原定由自己继承的那部分财产，完成了与"过往的自己"的告别。

对关系中他人的允许是一种深刻的觉醒，承认一切如是；而接纳是允许的另一面，与自己和解，是对自我的救赎。如此，关系才得以平衡，彼此都得以走向真实和完整，而完整正是爱的本质。

我想告诉 Hard Candy 的是，无论如何，深切地感恩才是真正直接有效的告别。心怀感恩，告别才会使关系得到真正的新生，才会获得真正的独立和完整，平静才会到来，关系中的纠葛和缠绕才会被真正斩断，平和而深沉的爱才会到来并得以延续。

感恩这个经历里的所有人，包括自己，一个一个深切地去感恩。正是这个经历让自己对财富、亲情、尊严与自由有了新的认识。感恩自己的所有挣扎和勇敢；感恩这个过程中所有以各种方式表达善意的人，包括父亲的朋友和自己的朋友；感恩自己的母亲和父亲给了自己深刻认识包括父母在内的各种关系对象的机会；感恩与父亲财富上的断开，让另一种更为真实可靠的联结成为可能；感恩这段人生的经历，使自己对自我的了解如此深刻。

毕竟过往的伤痛并未把自己彻底打垮，却倒逼了自己成长。我们对父母的依恋是因为我们要在父母身上寻求归属感。唯有感恩，那些伤痛和挣扎才能真正把我们想要依赖的父母的力量转化为我们的创造力，并以此去拓展一个成年自我的新价值，构建出新的关系。

带着赌气或者骄傲去告别，不但没有切断旧关系的纠葛和牵扯，一旦进入新的亲密关系，痛苦就会重新出现，甚至为自己未来新组建的家庭念响"家庭问题模式复制"的魔咒。从根本上说，这也不是真正的允许和接纳。你负气的同时，关系的另一方就有内疚的理由。内疚是持久存在的难看的结痂，会提醒当事人伤口还在，是一种隐痛，是一种变相的压力，是对爱的破坏。当然也说明自己的内在小孩并未得到安抚。

"面对"是与内在自我和解的第一步，也是最重要的一步。"告别仪式"也只是个暗示或者呐喊，是重要的自我提醒或者鼓舞；也许 Hard Candy 在不远的将来会受到来自周遭越来越多人的接纳和赞许，但她依然欠缺深度了解伤痛生成的原因这一关键步骤，有了解才能对关系里的父母有更深的懂得，而感恩正是帮她做到这一步的动力和关键路径。

第三章

我说的深度了解，当然不止于 Hard Candy 在文章中所描述的父母离异这个现象，而是至少要意识到父母也有来自原生家庭的创伤，更有连他们自己都无法意识到的行为动机。感恩带来的平静可以引导她真正去倾听，只有以一个独立的个体去倾听，才能无限逼近事实的真相。

我这里用"父母"而不是单提 Hard Candy 在文中重点描述的关系对象"父亲"，正是因为如果她单单只面对"父亲"，恰恰无法帮助她更为全面和深刻地认识伤害生成的原因。

"传承七灯"里一个重要的观点是，对任何一个焦点关系的障碍，另外六种关系恰恰是清除这个障碍的动力。其实，Hard Candy 在文章中表述她受到了作为同辈的 E 君和 S 君的启发，以及选择将自己的故事发表在身为同辈的大骐的公众号里，正是用到了"同辈"这一关系动力。

无论如何，Hard Candy 靠自己的勇敢探索，在黑暗里为自己掌灯，而且已经走了这么远，都值得我们再次为她鼓掌。祝福并相信 Hard Candy 能自觉地善用感恩的力量，完成真正意义上的允许和接纳，在自我救赎的同时，推动关系中的父母提升自我认知，并从伤痛中解脱，一起让爱重生。
（原文刊于《家族企业》杂志 2018 年第一期）

什么是家庭问题模式的复制

娄一鹏的父亲第一次当着儿子的面流露出自己的痛苦和无奈,这份痛苦和无奈的源头正是他自己的父亲、娄一鹏的爷爷。他喝了几杯清酒之后,以诚恳而沉重的口吻向我讲述,他父亲在面对他时如何过度强调自己的权威,对他的意见如何强硬地反对。

当年娄一鹏的父亲怀揣借来的二百元钱来到南方的开放城市,如今他所创立的企业已是市值三百多亿的行业领袖。为了回报家乡,他在老家设立工厂,如今他已是当地最大的投资商,也广做慈善事业,因而备受当地政府的尊重。但这些都无法改变他面对父亲时常有的挫败感。听完这个长长的陈述,我转头对坐在旁边的娄一鹏说,"从现在起,你就要小心别把这种关系模式传到你和儿子这里。"娄一鹏的儿子还不满一周岁。

第三章

事实上,已居企业接班人位置的娄一鹏,面对父亲时的痛苦和父亲面对爷爷时一模一样。而就在不久前,娄一鹏的父亲还因为与儿子的一个小冲突,拿自己做例子教育娄一鹏,让他学习自己是如何既让爷爷感觉受到尊重,又让事情朝着自己认为正确的方向落实的。

家庭问题模式复制是现代心理学的一个重要发现,指的是原生家庭关系中一些突出的问题模式,会被家庭成员不自觉地复制在新家庭中。其背后的原理是家庭成员在潜意识里通过承受祖辈的痛苦来表达忠诚,也是对家族联结的需要。这虽然也归属"爱的秩序",但这种爱是盲目的,处于非醒觉状态。现实中,关系里的家庭成员感受到的大多是冲突,以及其带来的各种伤害。

解除这个复制魔咒的方法,最重要的一步就是让当事的家庭成员看见这个模式生成的原因,无论这一问题模式属于哪一种类型。上文提到的娄一鹏与其父亲、爷爷间的问题模式属于上一代对自我权威过分的强调,导致以过分控制为爱和关切的表达方式,下一代感受到的却是不被尊重和严重的压抑感。孩子在未成年特别是六岁以前时,感觉自己是父母的一部分,父母是天然的权威,而在孩子成年特别是成立新的家庭之后,上一代往往对下一代的独立人格被尊重的诉求没有及时的察觉,造成下一代要么强烈地冲撞,要么深度地压抑,要么干脆直接逃离。在娄一鹏父子间则表现为一种对彼此深深的内疚。

看见问题复制的生成原因,让娄一鹏父亲有一种释怀感,大大降低了他作为一个成功人士因那种"我不能"产生的深深的挫败感,从而有意愿和能力去正视并管理自己的行为。对娄一鹏来讲,也多了对父亲的理解,知道父亲也苦于原生家庭的问题模式。更重要的是,父子会形成共识,管理双方的互动模式,愿意以高度自觉的方式切断这种问题模式向下一代复制的可能。

我们在家族企业传承这个命题下讨论家庭问题模式的复制,具备更大的现实意义。一方面是主要关系成员在企业里还有一层复合的身份要去面对,这使得问题暴露的程度和复杂度都大为增加,痛苦指数也大幅提高;一方面这些作为企业核心领导层的交接班双方,都会不自觉地把家庭人员关系的问题模式复制到与企业各层级人员的关系里,这会导致他们处于多重受害的境地,这种纠缠和牵连也更加难以处理。因此仅有对家庭系统复制模式生成原因的看见,是远远不够的。成年人由认知的突破到新行为习惯的养成需要很长的时间,需要第三方专业力量的介入、整个家庭和企业系统力量的协同支持。

传承教练可以利用和设置家庭和企业的典型场景,强化传承事务中的各方对关系模式的高度自觉性,感受到以尊重和信任为核心的爱的流动及其带来的巨大利益,并经由教练的持续督导,直至核心利益关联方形成并保持新的行为习惯。

就像我在那家日本料理店里,向娄氏父子阐释"家庭问题模式复制"之后,娄一鹏的父亲不但当即释怀了许多,也对已经开始但并见到效果的互动模式有了更深的理解,更对我建议的一系列构建家庭关系新模式的教练议程,表达了强烈的实施意愿。娄一鹏也在当晚离开料理店后发信息给我:"这是一个好的开始。谢谢张老师!"

如何看待家庭成员之间的"了解"

我们常常认为自己如何看对方,就是关系的全貌,但却忽略了对方如何看我们,以及为什么会有这个"如何"。只有当两个人的认识相对平衡和一致时,才谈得上真正的了解。

了解就是懂得,这极其难得,尤其是在亲密关系里,因为夹带着无论是消极还是积极的情感,都会与客观现实产生偏差。家族里的代际关系,因为情感最为浓烈,会进一步加剧当事人对事实的模糊化。

从这个意义上来说,情感往往会成为了解的障碍,会不断加重某种印象的形成。个人情感因素会增强人们的执着程度,并倾向于告诉自己"我必须""我一定""我肯定"更了解他(她)。而事实往往是,孩子特别记得的童年相处往事,上一代人反而印象不深,而对上一代人特别强调的苦心养育之事,孩子也记忆模糊。

第三章

正因为如此,人需要有朋友。朋友不在家族系统里,不受家庭系统动力的影响,所以他们会更加客观地看见事实。朋友的属性决定了他们进入关系时就带着平等感,而在家族系统里有长幼次序,旧有关系会有长时间的延续期,个别人甚至会把孩子的身份延展到所有的关系里,难以成为一个社会要求的独立个体。

家庭关系的动力在日常中循环不止,强迫性时而如山呼海啸,时而又如盐水浸泡,相互关系已被高度固定,每个人长期处于脸贴脸的状态之中,因此缺乏拉开距离、重新打量彼此的余地。

财富家族内部关系畸形的可能性更大,所以历来的大家族都会有以各种身份出现的、扮演所谓"师者"功能的组织或个人,目的就是不断提醒、校正、确认关系里各方的位置,让每个人知道自己身在何处,从而让整个系统处于相对正向的平衡状态。

归根结底,个体都是孤独的,所以内心时常需要很大的能量补给,找到与人"在一起"的感觉,也就是周遭关系里的理解和懂得,而在不同的人生阶段,大家对于被了解的渴望和诉求又一直在变化。

成年后的孩子面对父母,经常会带着情绪说出"你不了解我",而父母也会很粗暴地跟周围人说"我很了解他(她)",彼此都用一句话就概括了关系的全貌,从而忘记了双方都是在不断发展和变化中的鲜活个体,这是代际沟通中认知误差的源头,极大地阻碍了家族成员间关系的正常运行。

如何构建家族企业与社会之间的正向循环机制

任何功成名就的第一代企业家都具备极强的时代意识，但当自身企业规模足够大，同时身边多为一味恭维之人后，他们也有可能逐步淡忘企业与社会的关系，进而让内部权威感满溢到公共关系当中，并为此付出难以估量的代价。所以，两代人在交接班过程中，应该自觉建设出一套既惠及社会，又能滋养企业底蕴的决策机制，并使之内化为领导者的个人修为，构成家族和企业文化中不可或缺的一部分，这才是事业可持续发展的根本保障。

家族也好，企业也好，都与时代以及国家的命运紧密相连，也是在这个意义上，传承才可以成为真实的议题。所以，家族企业的掌舵者一定要有全局观，要基于当下的社会环境，去顺应时代的大趋势。

第三章

去"国王"化

几十年来,中国企业的发展以及个人的成功,正是得益于国家改革开放的政策环境、稳定的地缘政治关系、全球一体化以及互联网科技浪潮的兴起,这些都是不争的事实。

家族和企业都是社会的一个细胞,家族企业的领导者要永怀谦卑之心。传统里有相当大部分的内涵正来源于此,企业创始人那些被激发的潜能和雄心壮志,都与外部环境无法割裂。所以,第一代企业家给下一代讲述更多的也应该是保持对国家命运、时代脉络、社会环境的深度关切,这才可以让企业可持续发展,让家族保持和谐与幸福。

现实中,庞大的企业组织有可能会带给领导者无所不能之感,再加上身边人一味地附和恭维,他们有可能真把自己当成"国王"。往往经历过几次危机,还能活下来的企业,创始人才会更加清醒,也更加明白自己身处的位置以及企业生存所仰赖的社会资源。

企业与社会之间的正向循环机制

企业家在回馈社会这件事上要有更高的自觉,特别当企业发展到拥有相当规模和影响力之后。历史也证明,难以想象的失败发生在了不少企业家身上,就是因为内部权威感满溢到了公共关系里。如果把中国当代企业发展史,按此类错误写一个列传，将会是不下百人的篇幅。

企业传承要成功，就必须注意企业与社会的公共关系。企业在成长过程中对社会资源一定是有消耗的，因此要结合自己一路走来的产业发展路线，去自觉回报利益相关者。当然，实现社会价值并不只是比赛捐多少钱，或者今天修个路，明天建个希望小学，而是要让这样的意识变成一种机制，用企业家精神去长期建设。诸如，做纸的对林木，做畜牧的对粮食，做钢铁的对矿山和空气，都要长期保有一颗敬畏及感恩之心。

家族企业的二代对这个议题要更具敏感性，积极学习宏观政治经济学，了解全球大势，以及所在行业的核心风险。在日常学习积累之外，还需在企业转型升级中主动扮演积极的角色。当然，最好的方式是跟创富一代一起开创出一套机制，在对社会做出贡献的同时，也能够持续滋养企业发展的底蕴。

第三章

二代如何交朋友

人最重要的朋友是自己，与外在对象的关系表现都是自己内心的投射，认识到这一点，就可以开始向内学习的历程。在这个基础上，主动聆听父辈关于交友之道的分享，便可以摆脱财富光环给自身带来的交友困扰，进而真实地打量身边所接触到的人，从而建构起贴合自己内心的交友之道。

这其实讲的是"传承七灯"体系里与同辈人的关系，究竟来说，处理好与同辈的关系还是要从其他六种关系里寻找动力支持，这样才会更加系统和稳妥。

人最重要的朋友是自己。每个人如果学会向内看，就会发现自身的丰富，要知道，一个人的心内还住着另外一个自己，就是我们所说的内在小孩。无论身处低谷还是在荣耀的时候，你都懂得去跟内在的自己相处，去倾听，去安抚，这是根本之道。

为什么这个人让你如此反感，这么容易激怒你？又为什么另一个人却让你那么想靠近，默契十足？这往往都是对人内心另外一个真实自己的响应。如果你能够真正认识到众生皆己，就是说能够意识到自己结交的人其实都是自己的投射，人就会变得平和起来，也就减少了日常的烦忧和辛苦。所以，在这个意义上，你在内心也可以视那些先贤为知己，甚至可以与天地精神相往来。

历史上有两个关于朋友之道的故事，令人深思。第一个是脍炙人口的管鲍之交。管仲和鲍叔牙都是春秋时代的齐国人，两人是好朋友，但两人追随和帮扶的不是同一位公子，管仲做了公子纠的老师，鲍叔牙做了公子小白的老师。后来齐国发生内乱，齐襄公被杀。齐国君位出现空缺，两位公子闻讯都急忙赶回临淄继位，管仲为此在半路截杀公子小白，没想到只射中了带钩，小白回到齐国，抢先继承君位，成为齐桓公。随后齐桓公想立鲍叔牙为相，没想到鲍叔牙却坚定地推荐了管仲，在鲍叔牙的不懈举荐之下，管仲成了相，并辅佐齐桓公成就了霸业。

第二个是秦王嬴政和燕太子丹之间的故事。两个人当年同在赵国为人质，少年时期便结下了很深的友谊，并约定如果将来各自做了王，将会永世盟好。后来嬴政做了秦王，燕太子丹为了燕国的利益而谋划刺杀秦王，但最终失败，人头被割下来献给了秦王，燕国也为秦国所灭。

第三章

财富的光环

朋友之道的内涵非常丰富,我们还是把话题收窄到当下家族企业传承的具体语境里来说。二代身上肩负的责任非同寻常,要参与创建家族传统,二代既要将家族的文化和精神延续,又要护持好上一代创立的基业,这是二代应有的身份意识。在创富一代的精神经验中就有关于如何交朋友的经验,上一代可以尽数分享。上一代的交友之道可以给二代很多启发,因为它比较真实,二代也容易打开耳朵去倾听,比如为什么小时候的朋友后来会走散,甚至成为对手,而原来的对手现在却成了朋友,还有为什么跟自己生活环境差别如此巨大的人,却成为父辈身边最长久的朋友。

二代成年以后,创富一代可能已经拥有了社会地位和丰富的物质条件,所以二代可能从上学开始,就和物质条件接近的人在一起,财富也一直是无法回避的话题,这和创富一代从一穷二白开始打拼的过程有很大不同。二代因其背后有巨大的财富,身上附着诸多光环,因此交友过程中警惕心也更强。但事实上,二代也像所有人一样,交朋友时真正需要看重的还是对方的人品,比如是否真诚,有无契约精神等等。

我们先来说一个恶性循环的例子。有些二代,因为在家族企业或者父辈身上找不到任何的存在感,自己又没有真正热爱的事情,于是就会去交很多酒肉朋友,和这些朋友消遣时光便成为他们日常宣泄郁闷的出口，这个现象也很普遍。二代会觉得自己可以做主帮到别人，这对内心的压抑有很好的对冲作用。但这样下去他们很容易交到一些心怀不轨的人。当麻烦出现，上一代只会批评二代没判断力，却很难发现这里面与自己相关的原因。虽有教训在前，但二代往往过一段时间又会不由自主地犯同样的错误，原因是基本动力没解决，还是没找到自己热爱的事情，同时他们跟上一代或者家庭其他成员的关系价值并没有得到释放，二代因联结感薄弱而倍感孤独，于是这样的恶性循环会不断重复下去。

相反，如果二代可以与优秀的同辈分享个人的处境，进而调整好与上一代的关系，释放掉在企业里的压力，他们的内心就会产生积极的力量。同辈中过来人的现身说法最有说服力，很容易让人产生同理心，于是二代自己便会展开探索和尝试。这正是"传承七灯"理论里同辈的力量。

重新建构与同辈的关系

二代在交友过程中，会不由自主地被财富的光环遮蔽，财富既是一张过滤网，也可能是一面折射镜，二代身上会有从创富一代那里或多或少潜移默化习得的一种思维惯性。

解决之道是要善于挖掘自己的内心，主动聆听和思考上一代的故事。同样，创富一代也要有这份自觉，不是说教，而是分享交友环节中的心得，从而增加代际对话的深度，应该鼓励孩子把自己的困境和恐惧说出来,这样才是善用了代际关系,最终对传承系统本身持有正向的支持作用。

前文提到的两个交友故事,其实是提供了一个反思和自我打量的机会,但现在大部分二代很少这样深度思考。

二代群体组织的可能性

那么为什么在现实中,大部分遍布全国的二代群体组织,并没有构建出一个产生真实伙伴关系的平台呢?

这与组织形成的动机有关,例如以投资和行业联盟为主体,只是彼此经由平台借助资源、互惠互利,那么二代群体组织无非是商会的一种变体。但如果动机是建立一个彼此支持人格平衡发展的组织,那自然对于组织的定义和规则、成员的获取,以及寻求相关的支持力量的标准就会有所不同。

现实中也不乏积极向上、充满正能量的二代群体组织,但能在这个层面持续作为,并基于认知机制,有序且不断地给予成员正向反馈的不多。不少组织活动形式偏封闭式,自娱自乐的氛围又容易导致其与现实的联结非常薄弱。很多参与者往往开始抱着想要被支持的心态进入,但经过一段时间,发现获得感并不是很强,人与人之间的关系越来越冷漠,甚至开始分化和相互猜疑。更直白地说,其实是因为没有照顾到人心。组织里的每个人都有自己的痛处,有时候某几个成员比较投缘,喝酒放松的时候就会透露自己的难言之隐，不可否认它具备缓解作用，因为倾诉本身带有疗愈性，尽管它并不是痛苦的根本解决之道。

理想中的二代群体组织，是在群体里能够建立高度的个人自觉，可持续和有意识地照看到心灵的成长，从而让组织中的每位成员实现生命的成长和蜕变。这需要极其专业的管理能力，并投入大量精力。由于二代群体中真正有号召力的人往往已经接班，因此让他们单独抽出精力和时间去思考这些问题，几乎是不可能的。

此外，组织的成员一般都会带着"精英"或者"青年领袖"这样的人设进入组织，因此没有人会愿意轻易承认自己内心的脆弱。但这类组织能够成功的先决条件，就是要去触碰每个个体内在最痛的点，唯有直面最根本的问题，并通过各种手段去与自我达成和解，群体的凝聚力和爆发力才会被启动，因为每个人只有找到真实的自我，才会开始散发生命的光彩，并激活帮助他人的强烈意愿，由此直面现实并充满力量的伙伴关系也才会自然生成。

第四章
当家族的创富一代老去

企业家如何面对创富过程中所遭遇的艰难和伤害

家永远都是爱的泉源,这是在创富过程中,往往被第一代企业家过度忽略的现实。如果两代人都能够放下既成的封闭性认知,比如创富一代在讲述家族史和个人奋斗过程的时候,能够放下诸如"妥协"等同于软弱等观点,二代也开始肩负起责任和义务去挖掘和靠近真实的故事,家族内光明的部分就会开始照耀彼此。不但二代从中接续到了传统的力量,更重要的是第一代企业家的内在自我获得了来自家族系统内爱的滋养和确认,这份力量如此天然和真实,提供了与自我和解的最佳路径。

这还是要回到家族系统内部。家永远都是爱的泉源,爱可以滋养和消化一切,它可以化解所有伤害。从这个意义上说,如果企业家有这份自觉,善用家族的新生力量,就像一棵受伤的树发出新枝一样,他们就可以重新长成一棵令人敬仰的大树。

意识到这一点的下一代，需要去探索并主动建设这个部分，这是二代的责任和义务，也是对建立家族基业的上一代的尊重和爱的表达。二代有了这种责任和自觉，才能更好地建设家庭，延续传统。

"十四代"是由日本高木家族十五代高木显统在二十五岁酿制出的一款具有创新意义的清酒。这是个了不起的成就，显统将其命名为"十四代"，为的是表达对祖上的尊重，同时也象征着祖上留下的基业给了他创造的根基和灵感，这就是爱的自觉回哺。正因为显统带着爱和家族系统的力量，前面的十四代人在清酒方面酿造的灵感才能够集中到他的身上。

我虽然和显统先生未曾谋面，但我相信这个人的眼中一定有光，同时是个高度平静的人。这种平静和光，来自对家族系统的尊重和热爱，由此他才拿到了祖辈的力量。这显化出来的是爱的延续，一种家庭系统内在联结的力量。

高木家族内部并不一定没有出现过问题，但当创造的力量更大时，就会让问题无处藏身，或将其消融和阻断，正所谓光明驱散了黑暗。平静代表着和解，意味着平衡，就像我们从显统酿的酒里能品出的格调：只是悄悄散发着芬芳。

我们梳理家训家规，是在梳理企业家几十年奋斗历程中所奉行和坚守的信条，也是祖辈留下的精神之光。从创富一代的视角看，这些光照耀了那些决定人生走向的痛苦时刻，所以二代要通过思辨和讨论使得这些时刻更靠近真实，这也是走向创富一代内心深处的一次机会，当爱开始流动，两代人才能相互看见和懂得。

比如妥协这件事，如果第一代企业家不用平常心看待，他们就会认为这是一种软弱，并把这个东西从家训中抹去，因此相关故事的阐述就显得异常重要。

两代人之间的隔阂一旦被打开，上一代就会启动积极正向的能量，心胸会豁然开朗，如实讲述的勇气也会随之到来，而这将带来的收获是二代通过阅读商业书籍无法取得的。同时，上一代在讲述的过程中也获得了最后的自我确认，它不来自外部世界，而是来自身边久被忽略的亲人，这才是最大和最持久的力量。这就是我前文所说的爱的泉源，世上没有任何关系比这个联结更为天然和真实，它是一种血脉上的靠近，也是第一代企业家与内在自我和解的入口。

第四章

企业家如何修复来自家族内部的创伤

企业家走出这个最为严重却又被过于低估的困境需要两步。第一步是两代人要有意识地脱离长期固化的关系中父母子女的单一身份，在这之外建立更为多元化的互动身份，例如职业身份、社会身份、家族成员身份等；第二步则需要第一代企业家回望与内在自我的关系，这需要穿越自身阴影，触碰内心最为脆弱的部分。第一代企业家此时会面临巨大的挑战，但这也是切断家族问题模式复制，解决家族问题的根本之道。

第一代企业家随着企业的发展和财富的积累，开始造福一方和回报社会，这可以帮助他们抹去部分创伤，这是创富一代和外在社会系统联结中完成的救赎。但是，还有另一个更为隐秘的创伤来自家族系统内部，而这会触动他们那根最要命的神经。

走出父母子女的单一关系

当为下一代创造了最好的生活环境，几乎超额满足了下一代所有的物质需求之后，父母突然发现孩子不像自己且无法给予重任，甚至连和孩子做基本沟通都非常艰难，这会让第一代企业家的创伤感非常强烈。

这里面有两个层次需要去理解，我先讲第一个层次。

第一代企业家很难把已成年的孩子当作独立的个体看待，但是二代对企业运营、婚姻，包括下一代的教育都有着自己的理解，这就导致两代人的分歧无处不在。

落实到具体场景中，需要让第一代企业家感觉孩子与他们不是只有一个关系。譬如，在家族里的孩子还是另外一个独立小家庭的家长；在企业里，他们也有自己的职业身份；在另外一些社会场合里，各自都有作为独立公民应该承担的责任。

在现实场景中，需要第三方专业力量的介入和引导，同时创造关键时刻，让身份切换形成深刻记忆，并通过特定机制陪伴两代人完成关系的进阶。两代人之间过往所形成的父母子女关系的吸附力极强，就像两块吸铁石，一不小心就能瞬间吸住彼此，所以需要建立对望的场景，不让他们被习惯模式主导，避免个人的其他身份被覆盖的情况。

总而言之，第一代企业家如果和二代能走出单一的父母子女关系，让二代的多重身份活跃起来，反而他们之间

第四章

的关系样貌会逐渐接近自己内心渴望的版本。其根本原因在于这会让二代感觉自己是完整的，而完整才有真正的力量。

自我的回望

第一个层次的议题，我们通过这些年的实践已经看到了非常好的效果，接下来我讲一讲最难的第二个层次。

关于早年贫穷的场景，第一代企业家一般会愿意去讲述，因为那能反衬出他们现在创造的成就，可一旦涉及原生家庭内部的伤痛，让他们讲述就不是一般的艰难了。

像我们这样的专业工作者，在跟创富一代沟通这个部分时会非常困难，难在怎样让他们看见自己其实也是无辜的受害者，并且他们一直在以不自觉的受害者模式对待孩子，同时输出了过往家庭系统给他们留下的重负。

这种受害者模式通常表现为对孩子的强控制行为，实际上是创富一代从小时候反抗父母的行为中习得的，然后变本加厉用在了自己的孩子身上。另外一种模式是当年家庭环境的无尊严感，在创富一代心里种下了自卑的种子，如今以为自己富甲一方后自卑感消失了，其实并没有根除，因此便开始在孩子面前夸张地表演和表达，这其实是自卑的另一种表现。这种夸张的自我炫耀在公共场合大家都可以理解和接受，可孩子对之是全然抗拒的，于是皇帝新衣般的苦恼随之而来。

创富一代想不明白孩子为何不向自己学习，因为在他们看来，这些雄韬伟略和聪明才智够孩子受用一辈子。可事实上孩子不是不想学，而是他们不想成为上一代表现出来的样子，因为他们从小没有这么大的物质缺失感需要去补足。创富一代一次次强调要二代跟着自己学习，孩子的感觉却是创富一代在碾压，让他们无能感倍增，关键是这样做也并没有引导他们与创富一代真正强大的一面建立真实的联结。最后创富一代的表演和表达完全变成了自我陶醉，就像穿上戏服后无法脱下一样。

同时，代际鸿沟和语言习惯的不一致也会导致两代人之间的沟通困难，于是典型性场景一再重演——一方在大力说教，另一方被持续剥夺表达的机会。类似的场景重复上演后会产生叠加效应，孩子开始从沉默到逃避，甚至健康也会受到影响，这当然是心理压抑的结果。

假如创富一代真能看见这样的模式会无穷地复制下去，他们自然会阻断家庭问题模式的复制，从自身开始改变，让家族成员放松自在地享受幸福与和谐，从而开启一个新的传统。

另外一个切入难点在于，我们第三方服务者依然是"外人"。一旦让第一代企业家体验到自己的受害者身份，他们会感觉自我能力大幅降低。我们进入的是他们心灵极度脆弱的地方，而这些企业家都是富甲一方的行业领袖，因此，如

第四章

何揭示这个秘密，时机节奏的把握和问题火候的拿捏都很重要。

这背后有一套工作机制，但无定式，我们必须边走边发现场景和机会。这需要巨大的同理心，带着真要替他们解决问题的意愿。这里面最需要警惕的是把伤疤揭开后，却没有办法帮他们处理，所以我们既要如履薄冰、步步为营，保持高度的警觉，又要有举重若轻的从容。

一旦攻克了这个难关，关系里的郁结将会迎刃而解。这也是潜伏在第一代企业家身上最近又最远的那个盲区。西方现代心理学的研究对此有巨大贡献，提出了家庭问题模式复制的理论。当然，在这个具体问题上，东西方企业家遇到的挑战是一样的，这是一个人类共同的命题。

十年为期

那么这种延续数代的记忆烙印如何修复呢？

我们目前服务的客户基本以三年为一个周期起步。当事者深刻认识到问题潜在的原因后，就会有自我和解的自觉。一方面，企业家是个超乎寻常的群体，一旦他们真切地意识到核心问题所在，其决断力和行动力也往往超乎常人，现实层面的改变也会发生得更为迅猛；另一方面，二代经因长期压抑感受到的痛苦越深切，翻转的欲望就会越强烈。所以，当双方对这个问题有强烈的一致认知之后，就会带着充分的自觉走向同一个目标。

除此之外还有一个动力,也就是上两代人对第三代共同热烈的关切,这个元素的出现非常重要。这相当于两代人多了一个情绪对峙的缓冲地带,再加上日常力量的渗透,如果持续带着觉知对阴影进行修复,整个家族的三代人都会得到疗愈。

需要注意的是,这个过程就像治愈慢性病,治疗初期由于病人的强烈痊愈愿望,加上医生下药猛烈,当药力起作用后当事人反而会比之前更痛苦。与此同时,旧的记忆会一直试图把你拽回到原来熟悉的模式中,所以教练必须持续陪伴前行,及时沟通和调整策略。

虚假性病情加重(这种现象在医学上叫"好转反应")结束之后是恢复期,然后是关系的甜蜜期,这时彼此的感受是非常美好的,但这并不意味着治疗结束。由于问题太过绵密和艰深,风平浪静的甜蜜期会导致觉察力下降,一旦有突发事件激活旧伤,旧伤的疼痛会一下子让当事双方原形毕露。从当事人的信心和精力层面来看,重新启动这个修复过程将会倍加困难,所以第一阶段才需要三年时间,并且必须将其当作严肃认真的工作去完成,重要性不亚于企业相关的任何业务。

完整的修复周期为十年,第二个三年要开始大量建设关系里积极的部分,最后三到四年是一个小结,例如通过家族纪录片去展示过往六年发生过的场景,为所有家族成员讲述一个完整动人的蜕变故事。当然,这是一场极好的家族教育,最后这些工作成果可以作为文献进驻家族历史博物馆,一个真正的传统才能由此展开,成为持续照亮家族延续的火炬。

如何帮助企业家在传承关系中找到自我平衡

在具体工作中,我们会跟随第一代企业家回到家乡,从真实的生活场景中,提取其家族故事里可以照亮内心的部分。而二代通过参与这个过程,也会重建与上一代的关系,两代人心与心的联结便有了重新开始的可能。随后通过感恩家宴等具备仪式感的活动,在家族内部做实这份感受,使之成为指导家族未来发展的具体行动方针。当创富的第一代企业家逐步成为一个内在人格平衡、安守本分的人,"传承七灯"中的其余六种关系也必将得到滋养和照亮,同时反哺内在自我,形成良性循环,生生不息。

在"传承七灯"的体系里,个体与内在自我的关系是核心,其他六种关系中的表现都是这个关系的投射。家族企业的主导者要相信,每一位成员的自我实现是整个家族持续和谐发展的关键保障。传者传之,承者承之,各归其位。传承双方必须先与内在自我和解，才能如日月相映，彼此照亮。

底层逻辑

想处理好所有的关系，各自要先成为自己，这是最省力的，所以二代不要刻意给自己的父母提要求，期望他们成为自己理想中的模样。相对于强用蛮力，弱用才是道，轻到几乎没发任何力，这个时候关系中的另一方反而会动起来，成为自己本应扮演的角色，其中的关键就是要把焦点收回到自身，专注于建立与内在自我的关系。为什么古人说先有诚意、正心、修身，然后才有齐家？修身实际上就是在抱持正确认知的前提下，去修正自己的行为。

用现代心理学语言解释，这叫与内在自我和解，以求达到与潜意识中自我的平衡，不再过分受困于内在小孩。人格平衡之后，过往那些尖锐和固执的面向也就不会再如往常那样干扰自己。

以诚意正心和人格平衡的内在为指导，只是站在自己本该在的位置上，很多问题就会迎刃而解。脱离了自己的位置和秩序，就会导致更多的索取和指责，开始对抗，与黑暗相交，粘连不断，相互要求越来越多，绳索越拧越紧，直至崩裂。

场景式探寻

基于以上所说的底层逻辑，我们推导出了实践中破局的工作方法。我们会用教练手段，带着同理心，谦卑地去探寻第一代企业家和他们祖辈的关系，引导他们讲述与父亲、祖父、曾祖父之间的关系。他们只是负责自然地讲述，无须刻意用力，但从我们的专业视角来看，他们其实已经讲出了内在自我蕴含的秘密。

尤其是场景式的探寻会更有力量，其中就包括跟随第一代企业家回到他们的故乡，几代人一起来到现场，和往常回老家的方式一样，只不过这回多了我们在旁观察家族动力，尤其是第一代企业家和自己父母的关系模式，我们从中就能看出他们和二代的关系模式。

我们做家族故事的访谈，往往会触摸到当事人内心的机关，这关乎眼下困局的出路。而我们的陪伴会给当事者一份额外的力量，使其有勇气靠近自我，而且他们会发现阴影并没那么可怕。这个过程需要高度的自觉，必须让他们的自尊得到极大的呵护。收尾阶段，我们也只是赞美和肯定对话里显现的爱与尊重，跟他们再一次确认后，让他们说出下一步的计划和行动。

看见创富一代经历这个过程，对孩子本身是巨大的带动和照亮，这也会给我们的后续工作带来极大的便利。双方的目光很自然地开始交汇，他们开始注意到那些躲藏在各自阴

第四章

影之下的从未被看见的部分，然后发现他们过去只是在各自人为地设置障碍而已。当然，这些道理并不只是来自我们的宣讲，更多的是在两代人相互看见后，通过相关仪式和动作确认出来的。

再比如，就在我们为委托方举办的感恩家宴现场，两代人各自完成了与自己的和解，关系得到了滋养。我们会持续建设和巩固这个关系，照顾那些依旧脆弱的部分，通过当事人的感受，把从中升起的力量展现出来，去照耀家族内的其他成员。

二代由此拥有了巨大的能量，和上一代站在一起，并心意相通。尽管外人见到的还是原来的这家人，但是他们已不是原来的样子了，因为他们的内在状态已经完全不同了。

由此，财富给创富一代带来的不再是压力和恐惧，它转化成了推动家族向前的荣光，因为他们终于发现了爱与财富之间的真实关系。

企业家退而不休的心理演变过程是怎样的

第一代企业家退休后要面对的首要挑战是与内在自我的和解，这个多年已被忽略和忘记的自然人格面向，看上去会显得非常模糊和陌生；另外，第一代企业家经历了千辛万苦锤炼出来的职业人格牢牢占据着他们大部分的心智空间，过程的艰辛虽超出常人所能承受的范围，但最后获得的回报以及随之而来的高峰体验也是世间无可替代的存在。放弃这样的高峰体验，转而步入日常生活，会让第一代企业家有一种巨大的失重感。

就算第一代企业家已经完成了交班的动作，但是种种试探性的干预行为还是会出现。一旦两代人发生冲突，会迅速助推第一代企业家重回权力中心，这对他们来说如探囊取物般容易，从而使得之前所有的交接班制度形同虚设。因此作为二代，需要深刻意识到父辈退而不休、反复徘徊于权力中

第四章

心是普遍存在于中国家族企业群体中的典型现象。

在第一代企业家将辛辛苦苦打拼的江山交由另外一个人来看守和发展时,有两个事实会同时发生,显性上是权威的让渡,也就是核心资源调度权的转移,而隐性上,第一代企业家本人则被迫开始由向外征讨转到向内探寻,从而能够真正和自己在一起。这两件事都极具挑战。

生命不可承受之轻

向内寻找自我的艰难和陌生感,其压力一点不亚于当年为了吃上饭,冒着风险在"枪林弹雨"中的穿行。向外发展是可见并能计算的,而向内探寻是摸不着、看不见的,这听起来很缥缈,但又时刻与自己切实相关。

大多数家族企业的第一代企业家对这样的一套语言系统太陌生了,需要从头开始学习,同时在显性层面上,他们一直被看作是成功人士,这使得他们的自我回望更加困难重重。承受过重量,担子变轻后失重感会尤为强烈,所以叫不可承受之轻。

创业虽有万般艰辛,但常态化后,成就所带来的高峰体验会对冲掉大部分的创业过程中遇到的艰难,时间长了,他们自然会对这种感觉上瘾。可真正交班后,他们会有一个心理暗示,就是此类高峰体验以后再不属于自己,从此什么也抓不着看不清,只能去面对陌生和难以辨识的内在自我了。

此前虽然经过了至少三五年的准备，但真到交班那一刻，却会有一种悲欣交集之感。短暂的轻松解脱感也存在，他们很努力地让自己相信接班人会把事业发扬光大，并且未来能够尊重自己的意愿，心里对这件事也反复盘算了无数遍，可一旦公开宣布交班，内心所受的震荡依然会超出预期。

另外一边，接班人会真认为自己成了权力中心，因为财务调度权、人事安排权确实已经让渡到了他们手里。而由于长期被无价值感折磨，所以一旦抓住权杖，他们跟交班人一样也会悲欣交集。瞬间的喜悦过后，就是无尽的压力、责任、挑战和风险，为了寻求内心的平衡并证明自我能力，于是他们会用力地挥舞权杖。而挥舞的动作会再一次提醒交班人权威已经让渡了出去，高峰体验再无可能降临在自己身上，旧的内在平衡模式已经被打破，第一代企业家必须寻求另一种方法安顿身心。

二代每一次挥舞权杖，对于交班人都是夜半惊梦，虽然之前已经反复设计了着陆的缓冲地带，例如陪伴家人、外出旅游、发展个人兴趣爱好等。此前反复给家人、接班人、朋友甚至媒体记者宣讲交班安排，其实也是解除自身恐惧的做法，可那都是跳伞前短暂的兴奋期，等到真正打开舱门跳出去之后，他们突然发现事实比想象中要严重许多，这时满脑子的念头都是必须回去，但他们还得装着不露声色，因为交班的决定已经反复跟外界公开大声地宣布过了。当内心这两种声音相互对抗时，就更加重了他们的纠结。

第四章

英雄人格的复苏

再往细里分析,第一代企业家虽然努力大声地说相信接班人,但心里多多少少还是会有一些不确定的声音,加上眷恋的事业被割舍,这本身又增加了一层反向推动力。一内一外、自然人格和职业人格的抗争,就会导致他们四处寻找支撑自己的武器,从而让自己有平稳着陆的安顿感。这就像刚戒了烟酒瘾的人,只要有一点空隙,自我控制力稍微不在线,旧有的按钮就会再次被启动。

按钮启动后会产生关联动作,比如旁听一些会议,跟"老臣"见面,到公司转一转。本来刚开始他们都是想闻一闻战场上的味道,后来越走越往里靠,问的问题变得越来越细,底下人还必须回答。不用太久,不管是对"新君"做的战略决策、重要的人事任免,还是供应商体系的调整,他们都会立刻找到一个插手的契机。他们会直接开始约见相关核心人士谈话,那些人虽然也会遮遮掩掩,但却正好激发了交班人的强势性格,他们会说:"说,你大胆地说!这是对我们企业负责,也是为了接班人,不要有任何畏难情绪。"

从简单聊天到触碰实际问题,被问话的人越徘徊不定,就越会触发第一代企业家的英雄人格,内心听到风吹的声音,火苗就会直往上蹿,实情很快被全盘托出。他们接下来的动作就是召见接班人,第一轮也像对其他员工一样,以客气和照顾为主。他们一般会强调今天对方是当家人,自己就是来聊聊,最近听到不少杂声,本来不想过问,相信接班人这么做肯定有他（她）的道理。

第一次交流，彼此一般都不露声色，也没有实质性的下一步动作。但大企业事务过多，就像一代执掌的时候，这个干部不开心了，那个领导有意见了，销售数据又掉下来了，某个经销商叛变了，这些都是实际经营中常见的事情。无论是谁坐在主位上，每天都要面对和处理无数类似的问题。这个道理交班人当然懂，但是当人处于特殊心理时期，再加上前面分析的一系列底层逻辑，当交班人的职业人格慢慢被启动以后，行为就会失去约束和自觉，边界感变得越来越弱，对全局的照顾之心也就日益淡漠。

接着企业再度发生变故，这一次谈话就变严肃了。"这个事情上一次就说了，怎么又发生了呢？这才隔了多长时间？"于是交班人开始追问细节，尽管此前反复压抑和克制，极力告诫自己不要用管教的口吻说话，但几分钟以后一切全变了，交班人对待接班人越来越像此前掌权时的态度，直到最后变成近乎直接的命令。二代内心急于建功立业，当自认为能证明自己价值的决策被干预时，就会积攒愤怒，再加上在亲情关系中，长期都想舒展而未得，这才刚透过气来，口鼻又被捂住，于是一场争吵也就在所难免。

通常交班人会比二代至少在表面上更冷静，还会劝二代不要激动。"你看你管着这么大的事业，怎么能如此冲动呢？虽然我退休了，但是我的经验你还是可以借鉴的。"二代此时有口难言，心里话也不可能一股脑说出来，内心堵得慌。当接班人心怀这种负面情绪，回到企业后就会采取更加严厉的杀伐手段，他（她）要查出原始信息的传播者，以证明自己真正控制着局面，但带来的结果只能是又一次的组织内耗。

面对紧张的空气，企业里经理人的动作变形，接班人的气息要么凌厉，要么懈怠，内心始终处于动荡状态。回到家，家里的气氛也有变化，周末跟父母的朋友一起吃饭，在场的人都能明显感觉到气氛不对。当第一代企业家的言辞中过多透露出担忧时，二代就会觉得尴尬，但在外人面前还不能表现出来，需要压着情绪承认上一代的话有道理。没有外人在场时，大家也越来越客套，以至于后来二代会尽量找理由躲着父辈，跟交班人见面的频次也日渐降低。在真实生活中，这种关系的动态是一个慢慢酝酿和发酵的过程。

这种逃避会让交班人愤怒。按理说他们应该反思，可是英雄人格一直长在他们身上，以至于成为一种本能，二代越逃，交班人的拯救意识越强烈，以至于最后要再度出山，执掌企业大权。

难以动摇的权力中心

这里还需要特别强调，对第一代企业家重回权力中心的能力，二代是完全没办法招架的。譬如说第一代企业家可以临时再成立一个委员会，直接架空二代。说辞无非是"企业再这样下去会出现致命问题，我回来再帮孩子带一段"。总之第一代企业家不缺乏手段，因为他们太熟悉这个企业了。中间也许会发生一些突发事件，很难预测是什么，他们有可能会趁这个机会重新把企业控制权交给二代。这样的反复带来的最重要的影响是对二代刚刚树立的新权威以及内心自信的打压，家庭关系动力都也会随之发生波动。

交班人反复走回前台两三次后，二代就会放弃成为接班人的想法，承认自己确实没有能力，还是做回交班人的副手为好。二代的另一种处理方式就是彻底离开企业，或者更严重的是出于不服气，开始培养自己的人，把企业弄得内斗严重，支离破碎。频繁的争吵，导致交班人的身体也开始每况愈下，核心干部离开公司。最后较大的可能性是第一代企业家坚持执掌权力，哪怕儿子离开企业、公司承受巨大损失，他们都愿意付出这个代价，因为企业就是他们最爱的那个孩子，他们在其中投入的心血也最多。

还有一种真实存在的退而不休是，第一代企业家名义上退居幕后，但却已经和接班人达成了共识，实际上还扮演着核心权威的角色，这不能称作完整交班，但在中国家族企业传承的现实中却最为常见。所以交班和传承是两个概念，交班是一个时刻、一个动作，就是我宣布把所有东西完整交给你，而传承是一个工程，过程相当漫长。

第四章

企业家退而不休的解决方案是什么

这分为企业和家族两个层面。在企业部分,需尽早建立基于"传承是一个过程"这一认知的企业治理架构,这意味着两代人的退和进是一个漫长的过程。这个权威让渡的过程,也是两代人情感磨合和推进的机会。另外,当创富一代回归家庭,一定会给家族关系动力带来巨大改变,为了善用这个权威,同样需要在家族内部构建成熟的治理架构。通过有意识的建设,个人荣耀才会演变成公共价值,进而缔造家族的和谐与幸福,财富价值也将转换成家族的情感价值。

退与进的艺术

在企业层面,第一代企业家和二代需要在第三方专业服务机构的帮助下,提早建立企业治理架构。架构必须基于

"传承是一个过程"这样一个认知前提，即由经营管理权到控制权，再到所有权的逐步让渡。每一步至少需要三到五年的时间，所以这是一个漫长的过程，虽然看上去慢，但实际上却是高效和稳妥的选择。

企业家有了缓缓退出的过程，心理上就会有较长的适应期，也给双方在企业实践中留出了纠错和磨合的空间。二代在每一个权威过渡期都能尽力尽责，充分施展自己的才华和潜能，同时暴露自身的短板和弱点，并得以适当修复。此外，在这个过程中二代需要更客观地认知自己，对第一代企业家持续保持尊重，也对经营企业的真实逻辑建立起深入的认知。

二代有一些优势是超越创富一代的，这不是光靠嘴说的，而是要在漫长的传承周期里，通过承担企业实际责任逐步显现出来。比如接手企业经营管理权，其实是二代不断靠近总决策人的位置，驾驭企业组织运营的过程。在这个过程中，他们需要学会管控风险和危机，管理竞争者关系，持续建设企业文化，厘清核心资源之间的辩证关系，并在企业发展的不同时机和市场环境中去有效应用，等等。在这一切之后才有经营管理权的让渡。

二代需要注意，从观察到实际掌权，还有很大的差距，这就像研究挑担子和担子真的放到肩膀上一样差别很大。经营管理的担子放在二代肩上以后，第一代企业家退回到控制权里，开始在董事会这个层面做一些重大的战略决策，例如

第四章

重大业务并购、业务方向转型、股权变更等。

二代向董事会汇报具体运营情况，尤其和身为董事会主席的上一代对话，实际上是在和第一代企业家的权威对话，要逐渐学会平衡董事会和经营管理层之间的关系。此时的学习是从汇报者的角度来体验和练习，这给自己留下了纠错空间，同时第一代企业家的权威也不是猛然放下，而是通过董事会保持适当的掌控感。

二代的运营能力被确认后，两代人依然需要持续沟通，因为决定现状的还有外部要素的影响，诸如市场、政策、行业变量，这些都要作为重大参数来考量，过程是三年还是五年，没有一个定数。

第一代企业家成为企业所有权拥有者，二代向前一步接手控制权，可上一代依然是企业大股东，可以调整董事会的人员架构，在企业干预层面依然存在权威性。二代此时已经感受到了自我的成长和部分价值实现，这个过程依然要经历第一个循环，即学习、观察和实践，由陌生到熟悉，由不稳定到稳定，最终进入第三步，拥有企业所有权，担负起企业的全部职责。

与此同时，一个客观现象正在发生，当双方年龄都在增长，二代的权威感也会变得越发强大，相反，第一代企业家的体能和精力正在慢慢衰退。这时双方如果都保有平和的心境，一切就会进行得比较顺利，虽然风险和突破都会在这个过程中不断显现，但进退不再突兀，一切温和有序进行，最终股权转移给二代，第一代企业家才算彻底退出企业这条线。这是一个缓慢的转型过程，首要管理的是第一代企业家的掌控欲，减少其突如其来的不可承受之轻。

企业这条线上渐进的权威让渡过程，看似理性，实则是两代人情感推进的机会，双方经过漫长的磨合，信任度在加强，也更能读懂彼此。

权和威

以上所讲的只是权力的让渡，即掌控权和调度权的让渡。这里边还有威的存在，它是以个人声望为表现的精神力量。威望通常是由第一代企业家这些年建功立业，把企业由小做到大，在行业中倍受尊重后才逐步建立起来的。

二代此时可以邀请第三方介入，伴随权力移交的进程，主动设计第一代企业家威望延续的各种方式。譬如当交班人不再经常到企业里来，可以以他们的名字命名建筑物或者企业的最高奖项，以某种精神象征的形式使其对企业发展继续产生正向的影响。此时交班人就会有一种被记得和尊重的感觉，这对他们退出权力中心的惆怅是一个很好的安慰，同时第一代企业家还可以继续在企业全体员工参与的庆典活动里扮演精神之光的形象。

对于二代来说，权力的行使并没有被干预，但却让创富一代感受到了尊重，让父辈的精神得以延续，这正是传统真

第四章

正开启的时刻。二代越是主动建设这一部分，就越容易得到创富一代的祝福。也正是这样的祝福和信任会令二代免除恐惧，也降低创富一代企业家退而不休、反复干预企业运作的概率。

回归家庭的准备

在家族这条线上，当创富一代开始逐渐从经营管理一线向后慢慢撤退，也就意味着他们会腾出更多的时间和精力陪伴家人，这需要设计出一些路径让他们有序地往里走。家族内部要成立家族治理委员会，对家庭关系平衡进行思考和探讨，尽可能让每一位家庭成员的利益和感受都得到尊重和照顾。

第一代企业家此时仍是家族的第一权威。他们可以在第三方专业机构的推动下，有序地把家训、家规以及家族委员会的治理机制建立起来，包括安排家族的各种活动，增强家族成员间的凝聚力，通过建立家族基金来保障家族成员的教育和健康，缔造家族的和谐与幸福，等等。财富价值将转换成家族的情感价值，如果还能系统地参与公益事业，家族荣耀更可演变成社会公共价值。

这样获得的幸福感会有很强的平衡作用，第一代企业家亲眼见证自己一生创下的基业终于有了归宿和回报，家人团结而快乐，自己备受尊重，财富的价值也得到了充分释放。

创富一代回归家庭一定会给家族关系动力带来巨大改变，他们对情感的渴求度也会陡然增长，这会对家族成员提出更高的要求，因为家族成员情绪化的表现很容易滋生矛盾，多子女家庭甚至会触发企业利益格局的震荡。因此，治理机制的建设需要具备系统性，而不是靠一个动作解决，要认识到其难度和挑战不亚于治理企业，所以需要多种第三方力量以组合方式提供服务。

家族治理机制的构建更偏重人与人之间的亲情关系。具体运作中，家族治理委员会秘书长不一定是接班人，但接班人却是事实上的第一责任人，因为他（她）掌握着企业这个财富生产机器的权杖，所以大家自然对他（她）有所期望。二代是推动者，但又不能过度强调自己的影响力，而是要把权威让给上一代，这样家族的话事权也有个逐渐移交的过程。当二代真正成为家族和企业的双权威，才能接续第一代企业家创造的传统，进入新的时代。

总之，首先让创始人安然和平衡，接下来的一切才会平顺，它是一切的核心前提，然后传统延续的实践机制才得以建立，也只有在这种背景下，二代在传统里注入新的内涵才会显得稳妥。这里边的核心逻辑还是要以"传承是一个过程"为基本的认知前提，在企业和家族层面都要进行运作机制的系统化设计。

二代作为关系平衡者

在真实世界里，即使企业和家族的治理机制已建立，仍

第四章

然不能排除第一代企业家因为偶发性事件的刺激，迅速穿透机制和结构的设计，重新走到台前的可能性。他们一生持续承受压力，加上童年的缺失感，我们不能指望第一代企业家的人格是完美的。他们对企业贡献出了个人的杰出智慧，但人格发展过程中的扭曲和不平衡依然存在，而随着第一代企业家年龄渐长，其精力也变得越来越衰弱，二代越来越占优势，他们或多或少会有一些悲观情绪。这就需要接班人保持高度的敏感和自觉，在每个阶段都要秉持谦卑的态度，始终保持对交班人的尊重和理解。既然二代要享受掌控感，就要承担相应的负累和辛苦。

创富的第一代企业家如果是男性，家族第一代的女性在其中也往往扮演着很重要的角色。虽然不能一概而论，因为每个家庭的情况都很复杂，各有不同，但这里有个通则，即接班人一定要想方设法让母亲得到特别大的尊重和情感上的给养，因为她一直以来在家族里都扮演着重要而又辛苦的角色，所以不管她是哪一类女性，都需要极大的情感寄托。如果等她自己来要，心情就会变得急迫，动作也会夸张，再加上年龄变大以后，人会变得脆弱，补偿心理加重。如果给予充分满足，母性力量被激活后，她们就会起到家族黏合剂的作用。她们的状态好了，第一代企业家的状态也会好起来，她们的平和本来就是释放第一代企业家焦虑情绪的重要手段。

家庭氛围的温暖感，在现实中非常细腻，有无数变量，个体差异性非常强，以上所说只是一些大原则和基本路径。

专业机构的好处是能不断提醒当事人目前所处的状态，在重大危机出现前，把一个个细分议题摆在桌面上，形成工作机制逐个解决。伴随专业服务的不断深入，家族成员最终会达成共识，家族新习惯会沉淀下来，并成为家族的福音。

第四章

企业家如何安然步入晚年生活

企业家晚年退休生活的挑战，主要来自职业人格和自然人格的重新平衡。建立两种人格平衡的关键不在于切割彼此，而在于一种相互的转换，即透过长年锤炼而成的职业人格中的某些面向，去滋养自然人格的回归和壮大。由此，作为生命个体的感受才会被照顾到，也会更深入地体察到自然人格对职业人格过往的支撑。

这个话题涉及职业人格和自然人格的平衡，从现象上看，一生战功无数的企业家们能将其真正处理好的不多。

人格冲突

企业家的职业人格对自然人格进行挤压后，会迫使其自然人格表现极端化，这也是企业家人格中的常见色彩，它是理解和打开他们内心的钥匙。所以，你会经常看到一种现象，企业家的精力无比旺盛，超乎常人，就像一台永动机。大家都以为这是天生的禀赋，其实这来自他们内心的信念，正是信念的力量牵引着他们，让他们能够忘记所有的疲劳。

企业家人格（参见本书"关键词例解"）里关于冒险、趋势把握和对资源协调的能力，经年累月会内化为一个人的日常行为，但却不一定会与自然人格完全重叠，所以这也成了企业家很多痛苦的来源。两个人格开始冲突，例如有的决策和选择突破了自然人格的底线，但从企业家人格角度来说，完全无法放手，这样的事件积累过多之后，自然人格会感觉受尽委屈。

完整合一

当然，在奋斗过程中，自然人格的某些部分其实也得到了滋养，比如吃饱穿暖、备受尊崇等。可企业家晚年的场景往往是，他们打败了所有的对手，横刀立马却见遍地荒芜，最后的对手只剩自己，而现在的关键是要他们脱掉盔甲，这一脱，盔甲好像粘在了身上，撕扯着血肉。这个时刻，其实就是英雄向圣贤的转变，难度极大。

企业家并非都能在晚年收获内心的幸福，但时代浪潮滚滚向前，属于他们的时代已经过去，甚至当年有多么受到时代的宠幸，现在被抛离的程度就有多么猛烈。企业家必须要

第四章

正视这个现实,并且意识到最终与自己内在生命的和解,比当初赤手空拳建功立业的难度还要大。上山累,下山更累。

从另一个角度来看,所谓衰老也许是支撑传承的重要变量,否则老英雄也许会不断扰乱整个秩序,其核心难点还是在于他们要放下成功人士的固化身份,从习惯四处指挥别人、日常宣讲经验,到开始面对自己,走向生命深处。

这本质上是一种转化,而不是切割。比如领导者的气质可以转化为综合的人生教养,继续去正向地影响别人。转化的关键之处在于,用职业人格去回补自然人格,例如长期养成的宽阔视野、发现问题本质的能力、高度自律的行为习惯,等等,这些职业人格依然可以滋养内在自我。

有此自觉,回望内在生命深处,才有可能回应自我作为一个自然个体的诉求。比如幸福感这类极其个体化的感受,只有找回生命的平衡,对内在自我做新的发现后才会出现。这些属于自然人格的面向,其实本来就在第一代企业家身上,只不过被长期遗忘了,那么如今回望它,并给予应有的照顾,看到它曾经如何支撑职业人格,就会开始感谢并且拥抱它,而这种完整合一性会给人一种内在的平和感。譬如,跟(外)孙子(外)孙女在一起时的那种单纯的喜悦,来自生命本身,不需要从别人那里争夺,但也会带来一种高质量的满足感。

如何应对家族企业的创始人
突发人身意外的情况

身为组织的终极风险调控者和权力控制者，第一代企业家往往对于自身缺位后给企业带来的风险浑然不知，这也注定了当危机真正发生时，其速度和破坏力会超出所有人的预期。为此，除了重视企业治理机制的建设，以抵御未来群龙无首局面的出现之外，更重要的是早日启动和推进接班人的培养工程。在无法明确接班人的复杂情形下，也必须由第一代企业家签署一份保密文档，列出顺位继承人的名单，并且在家族和核心高管内部明晰这样一个机制的存在以及启动后的法律流程。

第一代企业家在把企业从青苗抚育成大树的过程中，对于市场环境、上下游伙伴、企业内关键干部、产品体系等，他们都是一清二楚的，也就是说他们既懂业务，又对组织有极强的控制力。控制力带来的惯性，会给第一代企业家无形的心理暗示，也就是只要有他们在，就出不了什么大问题，掌控感和征服欲也变成了他们成就的一部分，流淌在他们的血脉里，并成为客观上平复艰难的通道。长此以往，考虑突如其来的灾难，尤其是涉及自己的意外，从人性角度来看，是他们极不情愿想象和触碰的事情。

随着企业越做越大，市场竞争对手也在变强大，那么诸如企业的关键人才流失、重大财务漏洞、关键供应链环节的断裂等，这些风险出现的量级往往跟此前比也大不一样。同时，第一代企业家的身体也在衰老，这些风险会对他们的身体健康构成巨大挑战。当意外发生，企业家突然失去了工作能力、不能再领导组织的时候，大部分家族企业往往是没有预案的。所以真正负责任的做法是要勇敢面对，否则庞大的组织，一旦群龙无首，会出现各种可能性的混乱。

治理机制与设立"储君"

将这件事放在家族企业的传承系统中谈显得更加重要，务必提前部署。家族关键成员一定要知晓应急方案，企业核心高管也可以适当告知，信息的层次以及细节可以不同，可一旦创始人失去工作能力，谁能顶替他的位置把控局面一定要清晰。

家族企业平常就要设定并尊重治理结构，比如第一代企业家和董事会之间、董事会和运营管理者之间的关系，这条治理线索必须公之于众并受到尊重。其次是对接班人的培养。我们反复谈传承是一个过程，可能长达十年甚至更久，培养的对象一旦确定，核心高管要有共识。如果在复杂情况下难以确定，也要有一份董事长签署的关键文档，确保有符合法律的解决方案可以步步推进。在法律上越清晰，企业对未来风险的抵御力就越强。第一代企业家要趁身体健康、业务正常的情况下起草和设立这份预案，因为在平静的情况下人不会慌乱、头脑清晰、思考充分，所以制定的预案会更可靠周全。这一份文书要高度保密，需要由创始人亲自确认依次知晓人，而且要让核心高管和家族成员都了解这个机制的存在，因为出现问题的时候，这些人都会到场，那么谁说话、站在哪个角度说话、各自扮演什么角色大家就会很清晰。

对于作为接班人培养的二代，要维护好他们和高管团队的健康关系，让二代的威信有序上升。二代怕犯错而压抑自己或过于骄傲鲁莽都不好，最好的方案是两代人公开讨论。二代有疑问，第一代企业家要与其认真沟通。对关键人物在企业中扮演的角色和意义、从他们身上要学习的东西、后续梯队接下来的核心成员构成，二代都要做到心里有数。除此以外，日常还要在传承中对两代人、公司高管团队这些核心关系进行定期的动力检视，不断在达成共识的情况下，建立二代子女在高层管理者中的位置。现实中最为忌讳的是各培养各的人，二代有二代帮，老板有老板的人，这是对企业杀伤力最大的事情。

第四章

再好的危机管理，即使无限降低风险概率，都不可能保证没有损失，所以企业治理机制的建立、风险防范预案的出台对止损便显得无比重要，这比事发后找高手来修复高效千万倍。

二代如何面对创富一代的老去

当创富一代放下对于外在成就的依附和执着,开始正式向内探寻自己的生命时,诸如财富继承和企业权力移交等敏感话题,将会在两代人之间更容易达成共识,彼此都将寻求到自由和平衡的状态。创富一代在企业家精神的照耀下,将会比常人更快破解和走出衰老的困境,迈向人生更为广阔的新篇章。

我们现在正在谈论的这个独特群体,几十年来在市场上摸爬滚打,已经锻造出了强大的意志,最后站上了光明顶,但他们下一步无可避免地要面对的就是下坡。

相比而言,更难的是面对自己。站在山顶上,突然发现前方再无险峰,反而有个很陡的坡,风中隐隐约约传来一个声音:你别坐得时间太长了,你看我年龄都这么大了。定睛一看,这个声音正从自己的孩子那里传来,而在第一代企业家的记忆中,孩子一直都是弱不禁风的形象,应付自己所经历过的那些艰难险阻，还显得过于稚嫩。迫于无奈，他们只能选择多坐一会儿，以防孩子被一阵风刮跑。

这个忧虑来自当初他们只顾着爬山，将孩子搁置在了一旁，后来他们是用缆车把孩子送上的山顶跟自己站在一起。大风并没有停止，同时对面山峰有人也即将登顶，并对着这边示威，于是他们的忧虑也就变成了彷徨。日常工作中，开会专注力下降，开始走神，良好的睡眠质量也在逐渐失去，经常辗转反侧或者夜半惊醒，走路不小心会撞着办公桌，坐下来后还要喘很长时间气才能缓过来，下陡坡的失控感猛然袭来。

安守本分，活出自我

关于英雄暮年的问题在前面已经专门谈到过，现在回答作为孩子如何面对上一代的衰老这个真切的事实。

首先，二代要理解"英雄暮年"是人生的大苦之一，将创富的第一代企业家当成一个独立的个体去看待，才会滋生出体恤之心，也才有接下来我们将谈到的一系列真实的照顾。

让我们回到解决这个问题的原点。在"传承七灯"体系里，处理好所有其他关系的核心，在于平衡与内在自我的关系。因此二代要先扮演好自己的角色，让生命变得饱满和平衡，不管是否接手企业，首先要有真实价值感，奔赴在追求心中所爱的路上,这样才能平视对面和你一样的独立个体,去打量他生命抵达的这一阶段。

在这个前提下,善待对方最好的方式就是活出自己关系内的角色。你是一个儿子(女儿),就把儿子(女儿)的角色扮演好,对方既不需要你疯狂地赞美和讨好,也不需要批评与斥责;如果即将要成为接班人,你就扮演好在企业里的职业角色、具备掌管企业的领导力,这些都要让他们看见。这两个角色都扮演好,就是对上一代最好的善待,他们就多了一份温暖,拥有一种无可替代的满足感,驱散那些惊恐和担忧,英雄暮年的危机感才会慢慢消融,并开始焕发生机。

在企业中,当你向他们主动请教,并表示希望得到建议时,他们就会从中瞥见你举枪的动作、上马的姿势。如果他们能从你身上看到自己的精神之光、那些他们最推崇的价值观和人格特质,哪怕只有一点,都会让他们忘掉当下的困顿,重新焕发生机。借由你给予的力量,当然还有身边其他社会角色,他们会少很多挣扎,开始变得平和理性。

当真实的生命状态如实地呈现眼前,内心才具备接纳的基础。之前是宁可被风吹得乱晃,也是要死死抓住权杖,坐在位置上不走,到现在能够正常看待自己,也就有可能转换视角向内看,否则一辈子奋斗征战的惯性让他们不会停歇,然后因为不服老,拼命找感觉,进而伤害自己、他人和组织。此时,自我超越的命题才被看见,他们才意识到除了创造看得见的物质成就,内心还有一个丰富的世界,完全可以惬意漫步其中,所需的只是一转身的工夫。

向内建设生命

在这个当下,二代对上一代生命最大的贡献,就是让他们成为自己,从前半段人生中走出来,开启云淡风轻的新篇章。这虽看似平静,但只有他们自己知道那是另外一份壮阔和无边的自由,也是不同层面的自我飞升。他们在这样自我解放的同时,还有一件伟大的事情正在发生——他们也扫清了下一代前行的道路,打破了下一代可能要面对的最大禁锢,为下一代纵马驰骋提供了自由的场景和祝福。

相反,作为晚辈,如果你让他们感觉到你现在比他们强大了,他们老了、不行了,很多事犯糊涂都需要你来(事实也许如此,但这种提醒本身就是伤害和攻击),他们会听到杀声,而且会感到这个敌人还不太好防备,这就会增加他们的悲凉和愤怒,强化他们的恐惧之心,然后衰老会加剧,挣扎的动作也会变得更频繁,下意识的反击也就无可避免。作为孩子会觉得父辈疯了,不知好歹,别说做企业,基本的理性都失去了。可第一代企业家此时的心态是:哪怕你骑马拿着最好的武器向我冲过来,我单手照样把你挑翻。二代此时激发的正是创富的第一代企业家继续征伐的英雄梦想,它来自下意识,也是生命衰老的特征。

当然，从人性的角度分析，二代过往在如日中天的第一代企业家面前，很难呈现自己的强大，这时候终于找到了释放长年压抑的机会。"你看你终于不行了吧？需要我了吧？"这种潜意识一旦启动，二代就给自己埋下了很深的陷阱。你以为在尽孝和照顾，其实无非是在为自己找感觉。"你看！我多孝顺，他走路现在都需要我搀扶。公司那么忙，我还每天抽出一个小时来陪他说话。"这背后是二代不停暗示自己很强大以及报复式地寻找自我肯定感的动力在推动，即二代想要从一个长期的追随者成为最终发号施令的人，这个过程中罪恶感与快感同在。

每个人内心都有黑暗的部分，更何况二代也曾被丢入过黑暗，所以不小心就把这份黑暗带出来了。二代这个动作会越做越上瘾，就像第一代企业家对征服的上瘾，越做越信以为真，越做越不可更改，甚至谁要是有所议论，他们就会很愤怒，觉得对方在污蔑自己的孝心。这种对上一代的巨大伤害是有后果的，一代会在你正得意的时候一剑封喉，凭借他们的人生经验和老辣手段，当他们忘了自己是谁，忘了和孩子的关系，只是将你当敌人一般进行消灭时，他们远比你冷静和干练。而正因为是至亲，所以伤害会愈加深重，无法言说，同样极难愈合。这是此困境中极其吊诡的部分，二代必须万分小心，头脑时刻保持清醒，始终秉持反求诸己和安守本分的态度。

二代要先把自己当成一个独立的成年人，去不断审视自身的人格平衡度和价值创造能力，首先要与内在自我和解；

接着再把自己丢入和上一代的关系里，去探寻父辈心目中的儿女和接班人应该是怎样的。当二代归位，也就最大限度回哺了上一代，他们才能开始扮演好自己的角色，也才有能力回望和超越自己。

第一代企业家开始向内建设自己的生命，一旦这成为他们人生的主要议题，凭借企业家独有的对于本质的穿透力以及目标感十足的执行力，他们同样会绽放全新的灿烂自我。当双方都能以这样的方式看见彼此，感谢、尊重和爱才会自然蔓延开来，这才是彼此成全的最好方式。

所谓难以处理的财富继承和企业权力让渡等问题，此时就不再成为负累和打扰，因为在一个流动的关系里面，富足的精神内涵会让大家自然达成共识。当彼此都自由之后，这会给予个体最大的自我担当以及处理问题的能力，妥帖细微的动作会增多，生活中的温暖日常也终将逐渐取代曾经一惊一乍、大起大落的剧情。

第五章
二代接班家族企业的准备

二代最需要的教育是什么

所谓教育，是一个内涵非常丰富的词，绝不只是在哪里上学这么简单。如果非要做个排序的话，那么排在第一位的，就是家庭教育。从孩子三岁以前到他们进入学校求学，以及步入社会就业，每个阶段都有不同的教育主场，但家庭教育应该是贯彻始终的最重要的一条主线，其核心内容始终不变，那就是培养健康平衡的人格。

而现在一般的学校教育比较容易忽略的恰恰是最核心的人格教育，包括培养孩子拥有开放的心态、尊重他人，为他人创造福利而成就自己，有不断自我探索的愿望和持续的进取心。只有把这些补齐，才能善待他人，包括自己的家人，也才能拥有和外部世界平等对话以及深度思考的能力。

在培养健康人格的家庭教育中，作为家族企业的大家长，要主动向孩子传递两个方面的信息。一是家训、家规，即家族推崇的价值观，比如吃苦耐劳、善待亲友、努力奋斗等在父辈身上被验证了的熠熠发光的优秀品质。这种传导，实际上就是孩子从父母处得到的最重要的教育信息。而父母要做的就是自觉地、不间断地与孩子沟通，因为即使你没有这份自觉，孩子们也正在从你的一言一行中习得。比如，他们跟你出差旅游，你怎么对待服务员，怎么对待空乘人员，他们都看到了，这就是言传身教的作用。

二是不管做传统制造业还是新兴产业，都要让孩子及早地以各种方式获得以下信息：家族企业是做什么的？每一年的经营情况怎么样？这个行业跟我们的生活有什么关系？要让他们了解，这份事业跟每个人息息相关，而不只是家族赚钱的工具。也就是说，除了解释做什么，还要让他们知道为何而做。其实孩子很聪明，也很敏感，你让他们感受到了开放，等到他们大学毕业的那一天，你再跟他们探讨从业理想就会非常方便。

新型教育力量的介入

基于经济全球化的发展，中国的创富一代希望下一代能拥有更为开阔的视野，于是选择送他们出国留学。但事实上，在留学归国后，二代们确实还需要进入社会化的职场，接受一次职业教育，这是家族企业接班人不可或缺的教育过程。

二代们可以从职场中学习，向行业的前辈、合作伙伴学习。更重要的是，他们要学习如何建立权威。因为接班人既然要担当大任，就要战胜各种不可测的困难，克服所有的恐惧，这样组织才会听从于他们。所以，孩子们只有经历了职场的辛苦和艰难，才能体会到什么叫尊重，如何获得权威。这种现场感是接班人教育的必经阶段。

但是，不管孩子是选择回到家族企业还是在外工作，创富的第一代企业家都要在尊重孩子意愿的前提下去沟通，而不能过于强调自己的个人意志。这依然体现了家庭教育的重要性。在家庭教育中，家族成员要共同遵守一个底层逻辑：我们相信，家族中每一个成员的自我实现，是整个家族持续安稳、和谐向上的根本保障。也就是说，要尊重家族里每个人的意愿，以成员的自我实现为第一基准，否则，没有获得尊重的人最终会闯下大祸，就算问题被暂时压制，迟早还是会爆发出来。

企业和家族这两个组织之间的关系纠缠，使得财富家族的教育问题比一般的家庭多了一层复杂性。巨额财富带有巨大的能量，在至亲的人之间，问题会变得更加尖锐和急迫，剧烈的冲突也会给家人带来难以形容的煎熬。

家族企业对接班人的教育所暴露出的问题，不仅是接班人的问题，也不仅是交班人的问题，更是家族成员如何在不同的成长阶段，有效获取适合的教育手段的问题。企业家要善于利用不同阶段的教育资源，获得这个阶段超出常人的教育质量，让二代得到更好的成长。这也是我们作为传承教练的真实意义。我们利用市场化、专业化、系统化的力量，通过一种教育介入的方式，为家族注入新的教育元素，来持续作用于两代人之间的关系，着眼于怎样缔造共识、认识清楚家庭冲突的原因，寻求新的可能性。

中国的家族企业大多正在经历财富与权力从第一代向第二代的转移，企业家们要艰难摸索代际权威的首次更替，面对代际冲突带来的痛苦。这与他们所取得的社会地位、荣誉以及财富规模所代表的成功形成了强烈的反差。正是由于第一代企业家对二代的陪伴缺失已成事实，新的教育力量介入才更为必要，早一点意识到这个问题，早一点行动，就能减少很多风险。

中国第一批继承家业的二代，最需要的正是平衡人格的教育以及向内看的能力和习惯。而企业家最不缺的就是协同资源为一个目标服务的能力。他们发现资源的能力很强，只要在合适的时候，找到合适的资源，持续推进教育进程，都还不算晚。

如何面对二代的第二青春期现象

相比第一个青春期由于身体的急剧变化而出现的叛逆，处于第二青春期的二代，更强调社会身份的确认，由此学业压力变成了职业压力，恋爱问题变成了婚姻问题，家庭关系扩展到了社会关系，其中不变的是"我来决定"这个意识的觉醒和执着。两代人就此契机，选择认真面对，充分沟通，如实认知，允许和接纳各种不完满，才是彼此间真正的尊重，以及对各自人生和家业的真正负责。

我讲一个教练故事，希望能对大家有所启发。故事里的二代，我们就叫他"程新"吧。

程新一走进我工作室的大门，就听见了从二楼音响里飘下来的钢琴声，他说："这钢琴弹得好快啊！"我引他到二楼的谈话室，他直接就坐在地毯上，两只胳膊往后架在单人沙发上。我们开始从头听《哥德堡变奏曲》，是1955年古尔德弹奏的版本。

第五章

直至第 32 小节结束，程新喝了几口刚送上来的咖啡，说的第一句话是："中间我好像梦游到了青春期。呵呵，当时谈了三个女朋友，还因为最后一个和其他男生打了一架。"程新沉浸在叙说中，半小时后才转过头看了看我，继续说："大学毕业回国这一年，我觉得真的好像又处在青春期一样，踌躇满志，但又和周遭的所有关系都对接不上，很陌生。我毕业两个月时，老程突然要我回到他的企业里，看着他绵延几公里的工厂我都头痛，更何况他此前从来没有和我打过招呼啊！当时我已和两个要从麻省理工毕业的朋友创业，利用我学影像的优势搞一个图片社交的互联网应用，中间还跑回中关村找感觉，后面没有找到投资，就散伙了。这次弄这个老字号的食品企业，还是不想用老程的钱。我讨厌还被叫作谁谁的儿子，我是程新。虽然这个项目现在也困难重重，有弄不下去的危险，但我还是不想回老程的企业。老程那说话的口吻，张老师，你是知道的，根本听不进别人的意见。这次来找您，我倒想让您劝劝他，别让我回去了，呵呵。"程新就这样对着我说了近一个小时。

我提议一起出去走走。天有点冷，虽然阳光还好。我们在工作室所在的迎宾馆里转了几圈，从一棵棵大树旁走过。我们说的都是程新感受到的那个新时期，我把它称作"第二青春期"。当然，程新也给我讲了他在第一个青春期时，和现在已极有成就的父亲之间的互动模式，那时程新在国内的一家国际学校读书。

程新离开时，我给了他另一个版本的《哥德堡变奏曲》唱片，是古尔德1981年弹奏的。两个版本中间隔了20多年，差不多是程新和父亲的年龄差距。他答应我，自己回去一个人多听几遍。一周后他给我发信息，说他听得竟然多次流泪，想和老程主动谈一谈。

程新走后第二天，他父亲就来到我的工作室。我也请他坐在二楼谈话室的沙发上，不过听的是古尔德1981年版的《哥德堡变奏曲》，我给他泡上茶，就离开了谈话室。一个小时后，我进来坐在另一张沙发上。老程的第一句话是："这曲子厉害！带着我回忆了许多过往。"我问老程，如果只说一件事，最深刻的是哪一件。老程说程新15岁那年，因为一个女孩和四个男生打架，接到学校电话时，他正在南方一个机场，过了安检正准备登机，那件事发生的半年后程新就去了美国。

后来出去散步，我们谈及程新目前困顿中的"第二青春期"，老程比我还善于总结。我问老程现在想怎么做。他说，在程新第一个青春期时，自己就不会和他沟通，更谈不上陪伴，现在想用辛苦建立的企业和财富作补偿，突然明白，其实从根本上讲，自己也有很大的自私成分。他说前段时间的企业大并购耗神耗力，令他突然觉得自己有些老了，精力不济，是想让程新来帮自己，其实也是想让他来陪伴自己。

告别时，我们约好等程新的反馈再决定下一步怎么办。当然，老程带走了我送他的《哥德堡变奏曲》，是古尔德

第五章

1955 年的快节奏版本。

一周后,当我和老程报告程新想和他谈谈时,老程反而表现出了罕见的脆弱,问我能不能主持他们父子俩的谈话。他的说法是,虽然相信自己比过往任何时候都更理解程新的举动,但仍担心自己在谈话时条件反射般地想控制现场,难改强势主导局面的习惯,怕这次"谈砸了就不好办了"。

征得了程新的同意之后,我带着父子两人去了他们的山东老家。初春季节,雾霾笼罩着这个诞生过圣人的地方。程新的爷爷奶奶都还住在老家的村子里,条件当然是村里最好的。老人家看到难得一见的孙子,当然欢喜得很。饭桌上 80 多岁的老人自然讲的都是老程和程新各自小时候的故事。老程是当年村里第一个大学生,程新是村里第一个去美国读书的留学生。回县城时,老程带程新去了位于村南头的祖坟,一路上讲的也都是祖上的事。

吃过晚饭,我们在这个县城最好的宾馆套房里,开始了父子俩都最关心的家族企业的谈话。尽管我和老程都事先约好,现场我又做了说明,谈话要首先基于彼此都是独立的个体这个前提,而不是首先基于家庭身份,但老程开始讲话不到五分钟,就不自觉开始了"训示"式的讲话。我及时干预,后来这场谈话持续了超过四个小时。后半段时间,我们都和程新一样坐在地毯上,父子二人都有了彼此真正的倾听,各自的情绪也都得到了宣泄。

最后双方在"不迁就"的前提下,达成了初步共识。程新同意老程以自己的私人投资公司名义对程新现在创业的公司做股权投资,帮公司冲过最关键的资金困难期。一年后,程新只保留这家创业公司部分股权,转战家族企业,并创立以互联网模式探索能源服务业的新公司,当然这家新公司也是由家族企业和程新共同投资的。

程氏父子都认为,认识到新一代这个由学校投身社会,寻找身份确认的"第二青春期",并选择认真面对,充分沟通,如实认知,允许和接纳各种不完满,彼此间才能真正地尊重,也才是对各自人生和家业的真正负责。隐瞒或回避带来的彼此迁就,或者拉扯和对抗带来的背离,都只能给彼此带来伤害。

第五章

如何看待交接班过渡期的长短问题

交接班是个时刻,而企业的传承是一个系统性工程,非十年之功不可得。在这个过程中,二代需要掌握领导企业各方面的综合能力,而创富的第一代企业家则要针对性地为下一代在能力和资源层面铺设道路,同时更重要的是自身要平稳地度过放权后的心理不适期。而现实中的中国家族企业的两代人,除了上述所说的常规性准备动作,其实更需要跨越的是彼此沟通中的巨大障碍,而这又往往是传承中经常被忽略的底层动力。

交接班和传承最大的差别在于,前者是个时刻,而后者是一个完整的过程。传承本质上是权威让渡的过程,双方在认知、行为、心理和情感上都要做好充分准备,公司和家族在治理架构与组织资源上也要做好全面对接,并在传承涉及的七大关系动力框架内,高度自觉地进行不断的检视和磨合。

传承是系统性工程

方太集团创始人茅理翔先生提出传承要"带三年、帮三年、看三年",这是源自实践的真知灼见。对于二代,传承也正是培养其经营能力和综合素养的重要过程。作为家族和企业未来的掌舵人,二代无论在精神气质、心理素养、人格平衡、心胸格局,还是在商业洞察、业务拓展、资源整合、人才驾驭上都需要经过培养和淬炼。二代的权威不仅来自上一代的权力交棒,更来源于自身在残酷的市场实践中所建立的功业;而对于第一代企业家,这个过程也让自己有机会全面观察接班人的特点,并进行针对性的培养,主动构建防火墙,排除可能的风险。更为重要的是,这也是第一代企业家逐步放权,调整自我心态、释放负面情绪的必要过程,从而有效避免仓促交接班可能带来的心理不适感。

著名导演黑泽明在晚年执导了一部电影史上的经典巨作《乱》,这部改编自莎翁悲剧《李尔王》的作品,讲述了枭雄秀虎在老迈之年,仓促将征战一生所打下的城池分给了三个儿子,并以"支箭会断,砚支箭折不断"告诫三兄弟,嘱咐他们要团结一致。然而老三当场把三支箭横在膝上折断,以抗议父亲枉经乱世,而不知人性的复杂。秀虎大怒,将老三驱逐出门。很快,秀虎也被另外两个儿子驱逐,长子和次子间的尔虞我诈,最终被长子太太的复仇计划引爆成一场惨烈的内斗,最后整个家族在战火中走向衰亡。

第五章

如果我们将《乱》这个悲剧当作一个案例来剖析，可以得到诸多警示和启迪。片中的秀虎是在打猎途中梦醒，惊觉自己年事已高，临时起意交班长子的。仓促中，他并未觉察到长子的心浮气躁，次子的虚假响应，以及三子的直心相谏；更没有看见在三个儿子周围暗涌的权力纷争之危局，从而失去了铺排制衡机制的时机。而更令秀虎没有料到的，是自己在交出军事大权以后浓重的失落和挫败之情，而这种危险的情绪，立马给了蛰伏在长子身边的儿媳离间复仇的机会，于是秀虎和长子在权威更替中的冲突，演变成了你死我活的弑父悲剧。

如果秀虎懂得传承是一个系统性的过程，他会首先释放部分权力给长子，观察其掌握权力后的心态，以及另外两兄弟和周边利益关联人的反应。同时，观察并研究不同孩子的性情特点，尤其是致命缺点，进而才能通过各种方式，包括试错来培养孩子，最终提前设定好权力制衡机制，用以预防父子、兄弟纷争带来的家族危机。

片中秀虎家族的命运带有浓厚的宿命色彩，在东西方，同样的悲剧都在不断重演。家族传承过程中对于掌控权的争夺，一定程度上会造成人性的扭曲，甚至逼得当事人亲手斩断亲情的纽带。

伴随中国改革开放成长起来的第一代民营企业家，他们在梦想和使命的驱动下常年打拼，而对于自己亲手创立的企业难以割舍。他们惧怕权威丧失后，创造力和梦想无法延续，于是在传承的大命题上，事先的思考和准备常常不足。

他们通常认为自己非常了解下一代，却忘记了在自己的事业快速发展的同时，孩子已经成年，不能再以二代孩童时代的认知来判断和要求他们。

对二代的培养方法需多元化和有针对性，尤其是在自己年富力强时，就要给予孩子们实践和试错的机会，同时经由专业第三方协助，在权威主动让渡的关键期，让交接双方以及企业和家族两个系统都有充足的时间去适应变化。

对齐认知

两代人应协商出一套日常沟通机制，哪怕每天只有五到十分钟，二代站在办公室向创富的第一代企业家汇报想法和安排，也要保持信息高频次地互换，这样就会填满猜测和等待的空档。这个过程的重要性远大于二代在公司取得的成绩。权威不是要来的，而是在过程中自然获得的，二代要先把综合能力拿到手，丰富所在位置的内涵。因此过渡期的长短问题的本质，并不在于交接班过渡时间的长短，而在于两代人实现认知对位，以及二代成长为合格的企业掌管者所需时间的长短。

第五章

二代如何进入真正的接班状态

接班并不是二代的必选项,这需要结合自身实际意愿和能力,考虑企业实际情况,在与创富一代充分沟通的基础上做出选择。一旦决定接班,内部管控单个项目,或者内外部联合创业也是一种选择,其目的是以最小化试错成本,去模拟未来将会遇到的真实企业运营情况,在这个过程中弥补自身企业家人格里不足的部分。其中最大的挑战来自创富一代突然的深度介入,无论这是出于真实担忧,还是企业家控制型人格的显露,都会令二代无法真实地面对不确定性和压力,能力和人格上的提升难以实现,更会错失独自背负压力领悟企业家精神内涵,以及理解和靠近创富一代内心世界的机会。

能否成为一个合格的继任者,跟二代的自然人格部分——性情和心智等有很大关系。二代成长过程中,有的性情很像父亲,有的则可能更像母亲,另外一些甚至跟父亲

（母亲）的性格是相反的。如果二代没有打拼的欲望，对经营企业也没有感觉，接手企业并不见得是唯一的传承方式。

经由成熟的治理结构，二代依旧可以继续把控家族财富，例如作为股东，不一定真正介入董事会或者经营管理层。这里的核心要点是两代人要沟通好，就算中间有反复，也不能回避，需要开诚布公和相互倾听。二代提出接班的想法，上一代不要一味否认或赞同，而是要坐下来理性分析，因为这关乎家族企业的长远未来，也关乎孩子自身的幸福。

最小化试错模型

一旦对于接班达成共识，在企业内部开始锻炼是一种选择，例如担负一些具备挑战性的项目，从项目规划到资源协同，再到人力资源的使用和市场的拓展，这是一个模拟缩小版的创业训练。如今的某一个项目，可能就等同于创富一代创业前期的企业规模，这里边其实已经涵盖了企业运营的各个要素。

这样做的试错成本相对较低，赋予二代相对独立性的同时，压力与决策权的大小也是成正比的。在真实的竞争环境中，二代的抗压能力和潜能才会被激发出来，暴露出短板和优势，方能区分是能力还是心态上的局限，或者性情和管理方式上存在成长进步的空间。

另一种情况是集团规模较大，可以交给二代一个独立的分公司，或者某一个新兴的业务板块，财务核算和人员系统都相对独立，让二代在企业现有的架构外发起内部创业。公司可以融资借给二代一笔启动资金，完全遵守市场化运作规则，进而打造出一个创业公司的模型。

最后一种是让二代完全离开企业本体，出去独自创业，这个过程中同样会暴露二代企业家人格里需要被补齐的部分。

以上所说都是理想模型，但现实情况远比这复杂。对于二代来说，他们往往会过于相信自己的能力，想尽快摆脱上一代的影响，活出自己的模样。有的二代则不想承担终极压力，只是在集团内挂个虚职。或者创富一代只让孩子跟在身边学习，却不让其担负实际的责权利，这样真实的压力被抽离出去，二代反而会觉得毫无价值感可言。

独担经营压力

创富的第一代企业家往往对二代实验失败的容忍度很低，经常有一点问题就会变得极其紧张，然后介入过深。这样一来，面对最后的结果，其实很难说清楚是谁的责任。代际真正爆发问题，都是因为越过了彼此的边界，同时由于认知的前后不一致，也缺少正向沟通的能力，再加上至亲的身份，对话就很容易带情绪，从而使得促进二代成长的机会很容易就被错过了。

所以第一代企业家要放手给机会,两代人对可见的风险尽管有很多研究,但总会有无法预测的部分,就像第一代企业家创业中也出现过诸多风险和失败一样,放手给二代机会的过程中最有价值之处在于让二代知道独立承担压力意味着什么。这个过程越早发生越好,如果一直在内部被圈养起来,时间过长确实会令二代倍感压抑,让他们更加无法沉静地面对不确定性极高的现实。这不利于二代直面自身的局限,也让他们更加无法看透业务的本质。其实不光是企业领袖,就算是想成为一个成年人,都必须从独立承担压力开始锻炼。

第一代企业家需要知道,让二代真实地面对和处理压力,这恰恰是促进二代理解他们的最为关键的一刻。只有这样,二代才会知道创富一代当年创业的艰辛,并逐步领悟企业家精神的内涵,从而对自己与上一代的差距建立起相对客观的认识。

第五章

如何面对复杂家庭的传承难题

多年前,老林和第二任妻子离婚,带着九岁的儿子壮壮和茉莉成立了新家庭,后来茉莉又为老林生了一个儿子。现在茉莉要负责的是两个孩子的教育问题。壮壮进入了青春叛逆期,比原来越发难以管教,常常因为各种学习、游戏和交友的问题被学校投诉,这引发了老林对茉莉的不满,认为她只把心思放在自己儿子的身上,对壮壮疏于关爱。老林是一家大型上市企业的老板,事业上一帆风顺,经历了两次婚姻变故。由第一任太太抚养的大儿子已经从海外留学回国,并进入企业工作数年了,老林对这个大儿子充满期望,常常流露出交接班的意愿。而对于二儿子壮壮,老林始终有一种愧疚感,因此希望茉莉能做得尽量周到,不要只偏爱自己的小儿子。茉莉虽然已经成为林家的女主人,但是面对已经进入企业的老林的大儿子,尤其是当她听说老林已经开始着手制订家族信托计划时,深感不安。

茉莉和老林面临的是当下许多中国财富家庭遭遇的共同难题——复杂家庭关系。所谓复杂家庭是指因为子女间血缘关系的差异、家庭内部成员之间亲疏不同,导致家庭关系动力失衡,进而引发了显性或者潜在的冲突甚至危机的家庭。复杂家庭的传承问题常常会被简单地理解为财富分配上的矛盾。如果从家庭关系动力的视角来看,其实质是家庭成员关系多样化导致了传承关系的复杂化,血缘差异带来的情感和心理上的亲疏距离,产生了利益争夺,由此形成了家族内部不同的利益群体。作为创富一代,通常认为自己和不同婚姻对象所生育的孩子是同样的后代,自以为可以控制全局,因此对不同孩子之间实质上的血缘差异并不敏感或者不重视,从而忽视了家族内部关系动力的正向建设和适度平衡,不知不觉就会陷入复杂家庭的关系困境中。

我给老林的第一个建议,就是在以家族信托等不同方式进行财富规划之前,应首先建立统一明晰的家族价值观体系,减少家族内部关系因为财富分配方案产生的紧张感。家族价值观体系应该由第一代企业家亲自起草,并在家庭内部进行积极沟通、磋商并推动共识达成。家族价值观一旦形成,对每一个家族成员履行家族价值观的路径也要有明确的规定,同时经由一代企业家身体力行地贯彻执行,将家族价值观真正落实到家族成员的内心,进而对家族成员的行为产生潜移默化的约束力。统一的家族价值观体系在复杂家庭中可以起到大原则层面上的协同作用,同时给不同血缘关系的孩子提供一致的家族理念和成长目标上的指引。

其次,复杂家庭内部的教育也极其重要,而教育的核心不仅是第一代企业家通常聚焦的二代孩子,还需要包括孩子们的母亲。因为她们和孩子相处的时间最长,母亲的个性和修养对孩子成长的影响甚至会超过学校、家族企业,包括作为一代企业家的父亲。因为复杂家庭二代之间血缘关系的差异,让二代面临更复杂抑或更具挑战性的同辈关系,而他们的母亲通常也影响着孩子对同辈兄弟姐妹的认知和看法。

复杂家庭就相当于一个复杂的组织机构,因为家族内部的情感张力比普通的企业组织大,内部的有效沟通就尤为重要,要善用第三方力量在家族内部构建理性和情感的双向沟通枢纽的作用。第三方经由专注、有序的服务,提供专业视角,使复杂家庭减少认知盲点,并得到理性的启发,推进家族成员消弭误会,减少分歧,确认共识。

最后,创富一代亟须更新一个重要的观念,那就是自己和孩子的关系并不是简单的施与受的、二代只能听从安排的主从关系。而是要注重孩子的心性培养,因材施教,因势利导,尊重孩子的个人特长和发展意愿,不能把进入家族企业服务作为贡献家族的唯一标准。从我们观察到的传承案例来看,无论是否进入家族企业工作,只有当孩子觉得实现了自我价值,才能获得成就和幸福感,而这个是家族传承成功的保障之一,对于复杂家庭,其重要性更加明显。

如何看待接班人的"仁者能者"之选

"中锋,丽敏担任董事长了,我刚刚见了她父亲,孔老爷子说交班顺利完成了。丽敏这十年的成长让人高兴,她家的传承故事值得我们好好回顾总结一下!"我的一位合伙人一进工作室就兴奋地告诉我这个信息,我的眼前也浮现了多年前我和丽敏初次见面的场景。

那个时候,丽敏刚刚被父亲选定为家族企业的接班人,作为行业龙头企业,公司刚刚完成上市工作,正大举进行境内外的行业并购。要顺利从父亲手里接过这样一个还在成长的大型企业,丽敏兢兢业业也如履薄冰。在父亲的几个儿女中,丽敏虽然小小年纪就和父辈一起创业,但敦厚善良的个性让她的才干显得不如其他人,谦虚讷言的她也常常会被人误认为不够自信。合伙人和我那几年先后担任过丽敏的导师和教练。

第五章

"孔老爷子没有选儿子也没有选女婿当接班人,他当年说,丽敏的仁厚是他最看重的,现在看来老爷子真是深谋远虑啊!"合伙人补充说。

"确实,在家族传承接班人的遴选和培养上,最近我们在研究的德川家康三代传承的故事也是另一个仁者上的成功案例。"我边说边打开了剪辑好的《葵 德川三代》电视剧里有关传承的经典场景。

德川秀忠虽然早早地就被父亲德川家康指定为幕府大将军的接班人,却一直对自己的能力缺乏自信。秀忠的二哥、四弟和他年龄相仿,英勇善战,足智多谋,且功勋卓著。秀忠最大的优点是仁厚,他对自己的妻儿好,对每一个兄弟姐妹也都关爱照顾,但是无论是军功还是治理家业的能力,他都明显偏弱。然而就是因为秀忠谦逊,他懂得倾听家臣的意见,也善用各路英才,始终严于律己,恭敬谨慎,所以在父亲离世后秀忠稳步建立起了自己的威望,为德川家族长达二百多年的幕府霸业起到了承上启下的关键作用。

秀忠的父亲德川家康在打下天下之后,就开始筹划德川家族代际传承的大业。因为见证了织田家族、丰臣家族两代即亡的命运,在接班人的选择上,德川家康深谋远虑,没有选择曾经当过丰臣秀吉养子的次子,也没有选择骁勇善战的四子,而是坚定不移地选择了仁厚敦直的秀忠。德川家康在晚年时曾经对秀忠说过,选择他作为二代将军就是为了德川家族的长远传承,德川家康相信秀忠可以赢得家族内部兄弟和德川家族股肱之臣的合力支持。德川家康深知守业的二代将军需要拥有与自己不一样的领导气质。作为一代开创者需要杀伐果断的勇谋，尤其在创业的早期，但是到了传承的二代，如何守住基业、吸引更多的能人志士来加盟到事业平台上，显得更为重要，而仁厚的心性无疑会增加传承交替过程中的稳定性。

丽敏的父亲孔老爷子和德川家康选择了同样的遴选接班人的策略——仁者上，而且都在选定接班人之后，积极而且耐心地培养接班人的综合领导能力，也身体力行地为其顺利接班扫清障碍，创造更多的资源和机会空间。他们始终选择看见二代接班人因为仁厚谦让做出的牺牲和贡献，不苛责他们能力不足带来的挫败，一次次给予成长的机会，最终收获了德才兼备的接班人。

仁者上还是能者上，常常是让第一代企业家纠结的问题。其实这并没有绝对的标准答案。优秀的企业家都要兼具仁智勇三德，只是不同人成长的阶段性路径不同而已。

尽管如此，我还是常常让倾向于"仁者上"的第一代企业家不用过于担心二代的能力发展问题。首先，仁厚多谦逊，只要能安排好二代在商业实践中学习成长的支持系统，他们可以习得那些行业相关的知识和管理经验，不会始终是个不懂业务的外行。其次，作为企业最高领导人，他们接班后最主要的能力是识别并善用人才，仁厚的个性让他们更容易感召和容纳良才贤能聚集在他们的周围；最后，企业以外的大家族管理更需要宅心仁厚、公平谦让，唯有如此才能维持家族长久的和睦和凝聚力。

就像上文提到的孔老爷子选定仁厚的丽敏为接班人，其中一条重要原因也正是考虑到她在目前已经五十多口人的家族中的接受度最高，这些人未来也最有可能得到她无私的公平照顾，创富的第一代企业家也就不用担心同是自己子孙的部分家族成员受到伤害，进而引起家族纷争。事实上，这也暗合了"贤者在位，能者在职"的古训。

如何避免传承中子女"同根相煎"的局面

仿佛是五年前父亲骤然倒下的翻版,这一次晓龙也是在高强度的工作中,突发疾病,当晚就离开了人世。一纸上市公司的紧急公告,为兄弟二人近两年来针对父亲留下的集团和上市公司的股权之争,画上了令人唏嘘的句号。

随着中国家族企业大比例地进入到交接班阶段,同根相煎的继承之战屡有发生。就像这个家族的案例,观察者和媒体发出如下的感叹:"晓龙的父亲离世时70岁高龄了,既没有财富分配的信托计划,也没有对自己一女二男的孩子有过家业继承的规划和安排,对于一个有远见的成功企业家,真是不可思议啊!"

虽然我不曾有机会服务于该集团的家族,但是透过新闻报道的字里行间,我仿佛可以看见集团创始人当年面对自己所创下的企业是多么眷恋，还有，在知晓自己终将要把事业放手给他人（哪怕那个他人是自己的至亲儿女）时是多么不舍、不甘、不放心。这可能就是他迟迟不对交接班做任何实质性安排的心理动因。后代之间可能的股权争夺，对第一代企业家来说，就是对他一手领导并发展壮大的创业企业的撕裂和伤害，而这却不期然成了现实。

因为常年和中国第一代企业家相伴，我太熟悉他们对于自己创建的事业王国的复杂情感，那是一种伴随着热爱而生出的对企业掌控感的强烈需要，以至于他们迟迟不愿意面对自己逐年走高的年龄，还有渐渐成人即将成为自己接班人的子女。六十岁以后，他们不约而同都会认真锻炼身体，以期有更健康的体魄来延续自己对企业王国的直接管理。他们会对于企业交接班的命题非常忌讳，抑或虽然宣称要开展传承规划，但行动上常常出现互相矛盾的反复。

我常常对自己提供传承教练服务的企业家说，传承的规划不是让他们离开自己创建的企业，而是让他们的企业拥有更长久的生命力量，而成功的交接班，会让他们始终感受到作为创始人的荣耀和对于未来的信心。

"张老师，一定不能让兄弟之争在我们家族发生啊！"这是我所服务的第一代家族企业家经常对我说的一句话，同根不相煎是家族传承规划过程中始终要指向的重要目标之一。

由于中国社会文化的特点，以及长久以来遗产继承法规的深入人心，多子女家族的二代往往对于父辈的家业有一种天然的平均继承的观念。不论是否进入家族企业服务，是否对企业发展做出过贡献，在继承权问题上，他们大多会陷入这样的定式思维。随着二代分别组建自己的小家庭，如果没有自觉地管理，原生家庭成员间的关系很容易出现偏移和间隙感，家族内部的关系动力会逐步发生深层次改变。如果二代子女都进入了家族企业服务，为了靠近接班人的权力宝座，在论定各自对于企业贡献或者能力大小时，也非常容易陷入功劳和资源的争夺，出现拉帮结派和各立山头的情况。第一代企业家如果缺少自觉，为了增加对企业的控制感，会有意无意地纵容子女之间为了争夺关注而表现出来的明争暗斗。

要避免这类同根相煎的家族悲剧，关键要从家族的制度和文化上入手，比如日本的很多家族企业至今都保留着长子继承的文化。有大量的统计调研数据发现，这个看似古老的继承方法，在企业发展和家族和谐上有着更高的成功率。如果家族内部很早就形成并确认了长子继承的文化，在家族二代的教育和发展规划上就可以提前做出考量，避免纷争。在中国传统文化中，虽然也有这样的长子继承的惯例，但是当下中国的第一代企业家大都白手起家，创业者的人格基础又使他们大多倾向于"能者上"的继承选择，这就要求一代企业家尽早地进行传承思考、规划，并培育接班人。

最理性的解决方案，还是建议企业家多加利用第三方专业力量的支持，从家族企业治理机构、财富分配方案、内部关系动力等多个维度来进行建设性工作，让每一个家族成员都有机会在实现自我价值的基础上对家族企业的持久发展做出贡献。

第五章

二代如何善用与同辈人的关系

　　身处传承系统中的同龄人是一面镜子，不但可以找到能量的相互补给和认同感，相互间的竞争关系，也会逼迫自己放大视野和格局。针对同辈关系我们设计了"传承七灯"体验式的团体研习产品。在一定程序下，由导师引导，通过六位伙伴如六面镜子一般如实照见，深度体验在特定焦点关系中自己的处境及其内在原因，并尝试一起探索更好的解决路径。

　　我和同事到访的当天，正值董一平接任家族企业上市公司董事长。董一平待人周到，颇具分寸感，这一点很像他的父亲。即使在接下来一个重要会议开始前的十几分钟，他也会保持专注地倾听。饭桌上，董一平的父亲言及当下社会对二代群体多有误解，其实在他看来，绝大部分的二代都很优秀。也许正是因为这样，父亲很支持董一平积极参与国内二代群体组织，为同辈人发声，树立良好的正面形象。当然，董一平此前几年在二代群体组织中的优秀表现，也正是父亲选择让董一平接班的一个重要因素。同座的几位公司重要管理人员也对董一平的公众形象颇多赞扬，觉得这位年轻的小老板颇具领导者的气质。

与同辈人的关系，方便二代了解当下的自己，因为这个群体成员的相关背景有很多相似之处。当然，就像当地媒体在报道里也会直接拿董一平和其他著名但声誉却不怎么正面的二代作对比一样，同辈人可以给当事者正向和负向的双面激励和压力。善加管理与同辈人的关系，可以增强自己的责任和担当感，扩大自己的格局。在和董一平的交流当中，董一平也表示其实参加二代群体组织也是自己寻找归属感和集体认同感的需要。在二代群体组织中，他可以就包括传承在内的焦点话题，和同辈人广泛地交流和碰撞，甚至一起行动。当然，董一平也表达了对竞争的新理解——合作显得更为重要。

"传承七灯"团体研习这个产品，可以在为期四十九周的时间里提供与六位同辈人深度交互、彼此照见的场域。在取得身份认同的同时，了解自己在哪里。可以多视角地检视自己在传承系统里的焦点障碍。我们会在仔细感知参与者的同时，提供一种全新的可能，设计交互的相关路径。七位有同理心的伙伴互为资源。每个人可选择一个自己最迫切想要解决的传承焦点问题并担任案主，深度体验在这一焦点问题中自己的真实处境及其内在原因，尝试探索更好的解决路径。研习活动结束时，我们会提供一份由现场教练共同出具的报告，概述我们在过程中发现的关键问题及解决路径。

当然，关系动力里有正向和负向动力。我们会对此做测评，看看他们的指标如何。无论是正向还是负向动力，我们都会和当事人一起研判，并对此善加利用，作用于其他六种关系。譬如，我们会带另外六个伙伴和当期案主的父辈及焦点关系中的关联人，在一定程序管理下进行有效的对话，帮助他们更多地了解当期案主的视角和立场；也可以通过其他伙伴的贡献，带动案主进行更深的思考，补齐他（她）的短板。比如如果他（她）对社会公益事业的考虑不深，就可借鉴伙伴的思路和做法。

无论如何，最终他们会发现，经由与同辈的共同研习，对自己有了更多了解，包括各自在同辈中所处的位置。团体研习是一次全面的检视，是一次领导力之旅，也是一次严峻的挑战。在团体研习结束时，一个公认的更具领导者气质的人会自然诞生。事实上，在实际的研习旅程中，每个伙伴都有一次全面领导当期研习活动的机会。

一如我们在董一平的故事里看到的，处理好同辈的关系，可以为其他六种关系提供动力。当然，我们相信，"传承七灯"的团体研习，相比于一般的聚会讨论来得更加系统和深入，伙伴之间也会走得更近更深。

第六章
二代成为家族企业领导人

如何培养家族企业二代的领导力

家族企业接班人必须同时完成引领企业向前发展，以及为家族成员谋取福祉的两项工作任务。在这样的背景下谈论领导力，二代的人格基础变得异常重要。为此我们提出仁、智、勇三德模型，作为提升领导力的应用理论和工具。除此以外，"传承七灯"体系又为其提供了在实践中进行试验、探索、总结归纳的应用场景，也构筑出了领导力提升的核心路径。心存三德模型，有意识地在七大关系里反复磨炼和精进，可以令二代不断进步并成为真正卓越的家族企业领导人，从而使整个系统秩序最大限度地处于创造与稳定的平衡当中。

二代不仅要接好企业的班，还要成为家族下一代的权威，让家族传统得以发扬。在这个前提下谈领导力，二代的人格基础就变得异常重要。

第六章

21 格

我用仁、智、勇三德来概括二代领导力的核心所在。中国、家族、企业和传承这些核心概念，会使得用仁、智、勇来描述二代领导力显示出更大的必要性和方便性，既照顾到了社会文化背景、家族传统以及个体人格基础，同时，"传承七灯"体系里的七大关系动力可以为之提供试验、探索和总结归纳的应用场景。

将"仁、智、勇"三德代入到"传承七灯"七大关系中进行检视，按照纵横轴排布，可以切分出 21 个方格，每个格子代表一类关系里其中一德的应用状态，然后根据不同应用场景里反映出来的效能打分，从而不断检视某一类关系中三德的活跃程度。

当七大关系动力开始良性循环，应用场景就会反作用于个人品格，使得仁、智、勇变得更加丰满和平衡，因为这股反作用力会对领导者提出新的要求，然后基于家族、企业和行业发展的具体情况，去进一步修正仁、智、勇的内涵。这个模型的好处是让当事人可触摸、可感知，并始终抱有全局观。

我们这里所建立的知识体系，特别强调人格基础以及关系动力的具体应用，核心始终围绕人、组织和关系。因为我们最终要培养的是一个卓越的家族企业领导人，而不是普通的企业管理者，这也是我们提出此模型的根本目标。

仁、智、勇如何散发出真实的力量

仁就是仁厚。领导者面对的是各种各样的关系和人，而人在不同层级和利益边界里的表现是不同的，这就需要以仁厚的立场去做最大限度的平衡，尽可能通过妥当的方式让不同的利益诉求既边界清晰又得到应有的照顾，所有人才能在同一个生态系统里都得到相应的善待，所以仁德是领导者的品格的根本。

智指的是智慧、见地和眼界，譬如对趋势的洞察、时机的判断、动作先后的选择、业务本质的穿透，还有对人在关键时刻的识别和判断等。当一个领导人拥有了乘时顺势的能力，就可以保证企业具备可持续发展的能力。领导人有了这些才能，方可保证在高速前进中及时发现风险，避免出现重大挫折和灾难，并在关键成长节点识别出特殊人才，将其放在恰当的岗位上，激活整个团队的效能。

领导者带领家族企业在一个开放的市场环境中竞争，这意味着自己始终处于高风险系统内，各种动能和不期而至的挑战都会随时发生，而对风险的抵御需要勇。前面讲的仁和智可以保证勇实现的可能。《道德经》里说"慈则勇"，慈就是前面说的仁德，因为当你站在平等并照顾全局的立场上时，你就会显得极其勇敢，做事果断的同时，也能保全大多数人的利益。至于智与勇是相互辩证补充的关系，看准机会就要勇敢把握，否则错过之后再去挽救，付出的代价要大得多。

如果没有仁和智的保障，勇就会变得莽撞，给系统带来风险，因此必须在正确的势能下去勇，在公正的情况下去勇，这才能让整个系统整体向上，而不是拆了东墙补西墙，以赌徒心理代表勇。另外，经营企业不进则退，不作为和自满式的停滞不前本身也是一种风险。领导者需要不断引领大家向前，这就要不断克服惰性，特别是二代接续父辈权威的企业，有些已经是行业领袖，那么如何让传统得以延续，同时再创新高，去为社会贡献更大价值，这就需要领导者活出日日精进的生命状态。

勇是行动的能力，智是看见的能力，仁是基础保障。仅有仁，没有智和勇做护航，会显得过于迂腐，在偏颇的势能下做事情就会出力不讨好。然而，智如果没有仁做保障，就会变成投机取巧，事业的可持续发展很难实现。当你没有给予下级应有的照顾和补偿，对弱者没有适当的看见和照顾，领导者就很容易变得自高自大，成为"阴谋家"，让下级失去安全感。没有勇做支撑，智慧不会显化，因为勇是行动最好的表达。有仁和智的加持，勇方成大勇。《道德经》里讲"大勇若怯"，所谓战战兢兢的状态，恰恰是智慧生起的敬畏心避免了冒进的发生。

这三者如珠走盘，互为增进保障，使得领导者的品格变得平衡而丰厚，然后才可以持续赋能和照亮组织内的各种关系。我们把这套解释模型放在这里，供大家学习参照。它相当于一把随身保护伞，也是一股自我加持的能量，使你不再恐惧迷失，并能长期处在高度自觉的状态中。这个模型的力量在我这些年的教练实践中也得到了很好的验证。

由生到熟，以熟为生

学习是一个由生到熟，再以熟为生的过程。二代作为一个领导者对所驾驭之事要永远持有陌生的眼光，才会专注地打量和钻研，借由老师、同事和父辈的经验，到实际中去使用、体验和掌握，将企业运营变成一件比较熟悉的事情。然后，再以熟为生。当他们再次打量和尝试去触摸这些事物的时候，就会发现里边有他们未曾看见的东西。只有这样，才能形成完整的认识，拥有相应的真实领导力。

关键在于这一回望，就是以熟为生，它可以让你精进不止，向纵深开掘，直至水出，迎接一个又一个胜利。当你把众多事情都用这样的精神去面对，三德和七大关系就会变成完整的一体。

第六章

二代如何管理与家族企业各层级的关系

领导力的核心首先是领导自我，其次是领导他人，最后才是领导业务。带着尊重和感恩员工的心态，二代将会获得基于企业运营现状的与管理层沟通协作的能力，在真实构建企业和家族权威的同时，逐步建立与创富一代深度对话的基础，并获得组织管理和业务发展层面的崭新视角。

齐先生坐在我面前，一根接一根地抽烟，谈及刚上任的二代总裁，直言道："总裁还是太年轻，喜欢谈投资，对我们从事的产业并不太了解，也没有什么兴趣，感觉他急于建功立业，以求得到尊重。有一定见识，但沉不下去，开会迟到也是常事。老板多次提醒我多帮帮他，可我感觉力不从心。他每次都表示要改变，态度也算好，但很少付诸行动。"齐先生是公司的高级副总裁，是随着保春华父亲创业、征战十五个年头的老部下，保春华也曾在其手下锻炼过一年多。这是我三年前第一次对他做访谈时，齐先生向我倾诉的苦衷。

保春华高中阶段就到了美国，直至金融硕士毕业，回国直接去投资公司待了两年，喜欢抽雪茄，对红酒也很有研究。后被父亲叫回，他家的企业已是行业龙头的重资产家族企业，三年后他升任公司执行总裁。

建功立业的确需要时间。保春华的父亲创业20多年，至今仍每天接待来自世界各地的来访者，他有一套独特的公司运营理念，公司年销售额至800亿元，仍未上市。父亲赢得了整个行业的高度尊重，在公司内部更是备受推崇。保春华到公司上班以来，也曾独立操盘过两个项目，但均以失败告终，情绪因而更为焦躁。公司各层级人员接受其作为父亲唯一的儿子继承大业的逻辑，却一直没有很好地接纳其作为庞大企业的领导人这一具体角色。

三年前，我受其父亲委托担任保春华的个人领导力教练，经多次沟通，保春华认识到：人格力量更容易为人认识和接纳。未来，自己是接掌公司的领导人，而领导力的首要就是领导自我。对自己要有更为深刻的认识和管理，此后才谈得上领导他人。不要急于在业务上有所建树，而是要先赢得企业各层级人员的信赖和尊重。要靠近人，和他们建立真实的关联，不能到哪里都是"太子"视察的姿态。

要对公司各层级有深刻的了解，就必须和他们在一起。这样和父亲的沟通才会拥有更多的一手资料，有自己的独特视角，沟通才会深入，有质量。三个月后，我们一起去了趟印度。半年后，我们又做出了一个令他吃惊的决定：让他和一个公司的一线工人去美国纽约旅行一周。如果说去印度，保春华还算平静的话，去纽约这一周，却深深震撼了他。从他的日记来看，到纽约当天的晚上，他就有了无法克制的愤怒，他的耐心受到了巨大的挑战。直至回程的飞机上，保春华依然非常清晰地感觉到，他并未真正赢得这位在公司服务超过五年的一线工人内心的真实的亲近和尊敬，但这些都促使他开始了真正的内省之旅。

保春华用整整一年的时间，从公司最底层员工开始一路访谈，用不同的方式，放低身段，和公司各层级员工在一起，掌握了公司大量的信息，向公司的专门人才请教知识，赢得了公司上下一致的尊敬。长达半年之后，那位随他去纽约的一线工人才选择向他勇敢地说出那一周他在保春华身边的真实感受。保春华也切实地发现自己与父亲的差距，更发现公司最强的是厂部级的中层干部，公司的高层恰恰最为薄弱，且已成为公司进一步发展的瓶颈，也明白了父亲为什么到今天精力受到如此大的挑战。父亲也随着每个月一次的倾听，开始和他深入探讨公司的管理变革，尤其是对公司高层管理者的看法和变革举措。

2022年四月，春茶刚下那几天，我与保氏父子二人在苏州望山一家竹林里的茶馆，对三年来保春华的成长做了一次长长的回溯。保春华一次又一次沉浸在回忆里，感慨万千，欢声笑语里也有泪水。保春华谈得最多的是那次印度之旅、去纽约的那一周与一线工人的相处，以及这三年在我的指导下阅读的一套书和看了两三遍的两部电视连续剧。保春华说："去印度那些天刚开始只是觉得好奇，后来张老师又领我去恒河最上游的一个小镇住了三天，每天都是面对同样的人和恒河水。回来之后，一直都闷闷的，在那里我才开始懂得什么是真正的自我觉察，这个力量越来越大，后来意识到这是自己最欠缺的。和一线工人在纽约又真正让我了解到这个觉察多么重要，意识到真诚服务他人才是最好的领导行为，也是最深的秘密。那套和张老师一起读了一年的书和看了两三遍的两部电视剧让我深刻地了解隐忍、自律和博大的胸怀之于领导者的意义，以及家族治理和制度建设的艰难及其辩证关系。"

深夜时分，保春华的父亲又一次干咳，保春华递上叠好的纸巾，父亲挥手说不需要，随后沉默良久，从皮包里拿出一个厚厚的档案袋，交给保春华，并说："这是两年多来张老师对你每次工作跟踪后的文字记录和点评，也有一些我的看法，你保存吧。今年集团的半年会由你来做报告，之后你正式担任公司总裁。我配合张老师他们，继续帮你点亮其他几盏灯，相信公司的大业会在你手上发扬光大。"

第六章

如何对二代进行所谓的"挫折教育"

如果想要"挫折"真正具备教育意义,必须基于对下一代身上两种不同特质的深刻理解:热爱与责任。内心的热爱不但能够帮助一个人抵抗风雨,这些风雨甚至还能变成内心火焰的助燃剂;而责任会令教育自动发生,挫折也会变成自我反思的素材,二代通过完成不同阶段的企业事务,在循序渐进地触摸到艰难的本质后,自身将会具备肩负更大责任的能力。

对二代来说,经历艰难将会为其构建与创富一代平等对话的基础,同时也是作为企业接班人磨炼抗压能力的试金石。但现实中,创富一代却往往会犯下一个非常致命的错误,即不自觉地剥夺二代选择的权利,其中包括二代选择事业方向的权力以及自我发现的机会。当个人意志无法得以自由释放,经历挫折也就失去了落脚点。

热爱与责任

在现实中,很多接班的二代并不热爱本业,也没有雄心做出一流的企业,对于创造巨额财富更是兴致不大,但出于责任去主动担当的时候,他们依旧可以抵御挫折,而且还会善用艰难去磨砺自己的成长。这就像当年创富一代在创业之初,身负的责任有时候只是为了养活家人。

有了责任感,教育会自动发生,挫折会变成自我反思的素材,身边的长辈也会在二代经历过挫折以后有意识地帮他们复盘。通常来讲,父母主动设计的挫折都是相对能控制的,其难度与二代要担当的大任以及创富一代对二代的期望大小有关。

另一个能够抵抗风雨、旺盛而浇不灭的火焰就是内心的热爱。如果一个年轻人在成长的过程中,有人不断地帮他(她)探寻和发现这种热爱,并且他(她)能乐在其中,常常伴随着高峰体验,那么这种经历将会成为他(她)的使命感的来源。

如果上一代已经探寻过一个孩子承担责任的意识和能力,也探寻过他们的热爱和天赋所在,只要两者取其一,都可以主动地对其进行挫折教育。我们讲的是主动式挫折教育,就是将孩子放入艰难的环境中,他们不但能扛得住,并有能力从中得到收获,如果他们有更深层次的热爱,那挫折还将会是其内心火焰的助燃剂。

第六章

热爱和责任互为阴阳

热爱和责任其实是一体两面，两者互为滋养。热爱的光芒将会带来自发的责任感，而责任的重负也会催生出真正的热爱。

热爱催生责任，这在心理上是一种自然而然的调动过程。个人的热爱吸引到了知音或追随者，然后又反过来成就和哺育了引领者的热爱，让他们感觉不再孤单，给了他们极大的鼓舞和赞美，个人的高峰体验难以离开响应者的支持，引领者也会自发地要对响应者负起责任来。

责任变成热爱有两层含义。一层是个体担当责任意味着压力，如果不进行平衡的话，这个责任是不可持续的，所以他们需要找到一些非常个体化的选择，去释放掉紧张、压力、挫折，也就是要有所谓的个人爱好作为平衡。担责久的人一定会有自我的小天地，在某个细分领域钻研得非常深，无论是从事艺术还是运动。第二层是他们担当责任的背后一定事关很多人，时间久了这会吸引到别人对他们的喜爱，给他们嘉赏、资源和荣誉。当责任担得足够大的时候，热爱会成为一种必须，比如任何一个企业的领导者都要为生产经营链条中的相关利益方负起责任，这就要求他必须真正地热爱自己的事业。这种热爱是责任担当的补给和底火。

热爱与责任的平衡需要管理，否则就会经常以夸张的方式示人,一会儿狂躁,一会儿抑郁,一会儿觉得自己可以拥有全世界,一会儿又觉得自己一事无成。当然,首先要带着了解,其次才谈得上有意识地管理,而了解本身就已经平衡了大部分的个体能量。

第六章

二代的企业家人格能否后天养成

以现代企业组织发生的巨大变革来说，企业家人格是可以被培养的，相关配置条件完全有能力把他们推到一把手的位置上，但如何点燃二代心中的梦想，或者说他们的底层信念，让他们从被动变为主动才是关键，因为这正是企业家人格里的核心要素，也是最终抵御市场挑战的关键所在。

二代的企业家人格是能够后天养成的。原因是现今企业组织模型发生了巨大变化，大量的知识型和社会服务型企业涌现出来，拥有技术专利或者一整套想法就可以迅速开启事业。当然，不管个体的核心竞争力是什么，想成为企业家，拥有底层的信念系统是最重要的，而实际上这存在于每个人身上，关键在于是否能被点燃和释放出来，一旦信念系统被启动，后面配套的条件和资源是可以跟进的。

新一代面临互联网和资本市场的进一步成熟，以及全球化，这里面有太多工具可供使用，可能现在二代看上去还不具备成为一个企业家的条件，但相关配置可以助推他们到达那个位置，并且成功率要远高于草莽时代。

但最重要的还是刚才提到的，要点燃信念系统，即点燃他们的梦想。他们要去哪里？他们以何为骄傲？如何找到二代内在的动力便显得极其重要，这能让他们能更加坚定地拥护父辈创业留下的传统。

第一代企业家也不是一开始就拥有了现在的所有特质，都是在几十年创业的过程中，一路发展出企业家人格。这里面细分下来有好几种——沉静型、高度掌控型、服务导向型等，具体到分工，有的是在背后看趋势、定战略，有的则直接奋战于一线参与管理。以上都是从现象层面所看到的不同管理风格，但企业家人格的四个基本特质是共通的（参见本书"关键词例解"）。

第一代企业家信念系统的点燃更多来自他们的自然人格，我们可以看到很多一代企业家都来自非常贫穷的地方，但他们并没有像身边人一样随波逐流，而是自始至终相信自己可以去更远的地方、做更大的事情，甚至在过程中被无数人嘲笑过自不量力，但他们从没怀疑过自己。

因此，无论现实匹配的创业及营商环境如何，持续点燃信念系统这个部分是必需的，这是万千变化中真正不变的东西。没有这一点肯定做不了企业家，因为只有真正的梦想才会让人发出光芒、有感召力，并且受人拥戴。

还要额外强调一点，企业家人格不直接关联成功与否，影响成事的要素太多，两者无法画等号。但仅就培养企业家人格来说，它从来不是短时间能速成的事情，它需要漫长的过程，其中更为重要的是要尊重二代的内在人格。如果他们平时对运营企业和创造财富无感，而是要做科学家、医生，那么就需要将他们的个体自我实现作为最高目标，给出足够的试错空间，去支持他们寻找到可以抵达自己人生成就的路径。

如何理解二代接班后的守成心理

所谓的"守成"其实并不存在，首先二代本身就面临着国际化竞争日益激烈的现实，再加上第一代企业家一直提倡的再创业精神，这令本身就具备国际视野和新时代知识结构的二代，有了带领企业重新出发的可能，而表面上的守成，无非是新旧权威更替的磨合过渡期。

现实中的二代也并非如媒体报道的那样不堪，过人的胸怀与异于常人的勤勉反而是他们的常态。如今他们面临的最大挑战来自代际关系，这是家族企业传承是否能够有序进行的基石，而这种关系动力的状态，同时也深深影响着社会对待财富的观念。完整而有爱的代际关系将为家族创造福祉，为企业提供可持续发展的价值观，为社会输出足以引领良善秩序的公共价值，它极其隐蔽而不为外人知，却是破解传承议题的要害所在。

第六章

回顾中国改革开放的发展历程，各行业的头部企业家们，无论愿意与否，都已经与来自全球的巨头们在中国市场上较量过了几轮，有的企业甚至已经走出国门成为跨国企业。

同时，即将接手企业的二代，成长于高度国际化竞争的背景下，他们中的大多数人拥有全球视野和相应的知识结构，对互联网科技领域的技术革命持完全敞开的态度，这里面本就蕴含着帮助企业发展转型的全新契机。

新权威的形成

二代真正掌权通常是在他们30岁之后，这时他们的年龄和心智已相对成熟，经历过企业内的业务轮岗、迎接过市场冲击，这样一批人并不像大众所想的那样会倾向于守成，只不过交接班的属性决定他们的确需要平稳的过渡期。新权威的生成条件之一，是要先对传统进行巩固，这个传统包括创富的第一代企业家的经营思想，现有的经营成果、人力资源、业务结构等。从现象上看是守成的样子，但这无非是二代领导人跟权力中心磨合的过程。在现实中，排除突发事件，二代接班还要经历传帮带的过程，第一代的权威并不会突然离开。

行业头部企业家的创业意识从未停歇，比如不断谋求业务的拓展和转型、持续实现多家公司的上市计划、开拓海外市场的野心，等等。在企业发展过程中，第一代企业家经常会强调重新出发和再次创业的精神，孩子在这样的背景中成长起来，自身也会具备持续性突破的意识。

当然，创新和风险是一对孪生兄弟，因为其中充满未知性，突破旧有边界的同时，还要面对全新的市场竞争对手。

二代的真正挑战

我在这里还想替二代正名，他们并不像大众想象的那么浮躁，其实他们中的大部分人都非常勤勉好学，工作强度也相当高，同时心怀理想。他们真正需要面对的实际上是代际关系问题。

创富的第一代企业家都是在各个领域打拼出来的英雄，本身都是非同凡响的人物。企业创始人的光芒过于耀眼，二代一边想接受温暖，一边又怕被灼伤，所以代际关系最大的障碍也恰恰来自二代最仰慕的那个人。在这样一种交困中，我们才会致力于通过关系动力解决代际问题。只有关系动力正常，幸福感才能建立，家族才能拥有创造公共价值的可能。

以上所说的是中国家族企业传承问题里最底层的部分，也是最隐蔽的部分，当事人身处其中无比辛苦却无法言说，而社会上大部分可见的讨论大都没有靠近这个现实，往往只是置身事外的猜想和假设。代际关系像一块幕布，大部分人都没有能力去揭开，但这确实是这些家族身上最痛的部分，也极难被外人理解和体会。

因此，我们的工作实际上只是选择了一个很小的支点，看上去微不足道，但却影响深远，以至于在未来十多年，这将会影响中国社会生态环境的质量。我反复强调中国家族企业是个庞大的群体，它的数量超过世界上任何国家的家族企业，不是一两家、几十家，而是几百万家。中国家族企业的家族价值观、关系和谐度、生存状态和健康指数等，客观上都将会影响公众对财富的理解和应用。这一直是一件被社会严重忽略但却极其重要的事情。

二代如何面对逆境中的交接班

　　物质都有其必然的短暂性，但只要创富一代的精神之光不灭，就可以再造辉煌。在逆境中，二代需要通过不断地体恤和问询，抱持极大的尊重，回溯家族创业的故事，回归初心，重燃创富一代身上的精神之光。在这个基础上，两代人才具备了并肩作战、共同穿越企业危机的可能。第一代企业家精神中各个面向的内涵，都将会在此过程中得以释放，并最大程度地附着在二代身上。最后，家族的凝聚力在危机中得到再一次升华，这种真实的教育是传统最好的接续，也将会以故事的形式代代相传。

　　首先二代必须要帮第一代企业家重新找到创业过程中背后的驱动力是什么，并将其提纯为传统的核心，然后与他们一起了解到，正是这些精神之光一直带领着企业向前，因此只要精神不灭就可以再造辉煌。二代在此过程中不要急于表达观点，而是要不断体恤地问询，令第一代企业家乐于回溯自己的创业史，让过往经历和个体不断建立强有力的关联，进而共同找到创富一代身上独一无二的闪光点。

重燃精神之光

在现实中，二代与上一代的对话往往很艰难，高质量成果的持续涌现更为不易，因为这不仅需要对话者具备足够的同理心和洞察本质的能力，还需要他们对人性的幽暗之处以及社会经济环境的机理具备一定的认识，最后还要他们对自身的家族史有很深入的了解。

创富的第一代企业家在讲述企业史的过程中通常会不自觉地选择性撒谎，尤其是在谈到遭遇困境、自己心有余而力不足的那些时刻时，他们为了找回信心和存在感，会下意识地强化个人特质中优异的部分，而遮掩人性暴露出来的脆弱。二代对于这样的行为，要保持充分的理解，不能急于批判，而是要创造适当的场景让上一代感受到充分的尊重，即便眼下困难重重，但这还是无法否认上一代此前的荣光以及他们对家族和社会的贡献。

很多事情看似简单，旁人随意贴上标签更是轻而易举，但真实情况中的综合性因素太多，挫折中也蕴含着很多的无奈，所以首先必须承认创富的第一代企业家作为英雄人物而存在的事实，才有机会唤醒其身上的优异特质。只有这样，他们才能振作起来，拥有正确理解和处理危机的能力，此时二代也才真正有机会参与到家族变革和发展传统的历程中来。

由于此刻家族的情感动力是正向的，所以即使由二代领导这场变革，也会得到上一代强有力的支持。同时，由于二代领会了上一代亲授的经验和教训，比如对经营效率和关键员工的敏感、对商业品牌和个人信用的珍惜等，这都将会支持二代开创出新的局面。

如此，一场危机就有可能转化为一次从个人到企业的全面升级和发展，也是家族共同面对未来、凝聚各方力量的关键时机。过程中最难的部分在于，让上一代感受到家族传统里的无形精神，而不是只把焦点放在眼前千疮百孔的企业这个有形之物上。二代个人力量不足时，应在征询上一代意见的基础上，积极寻找第三方资源的支持，例如上一代生意场上结交的朋友、资深媒体人士和咨询业专家，当然也包括我们这种善于洞察人性、通过家族关系动力解决传承议题的专业服务者。

并肩作战

二代时常会不自觉地指责和抱怨上一代，但须知自己能有今天的眼界和格局，不少是拜上一代的基业所赐。自己身为家族的一员，享用成果的同时，担负起责任是应尽的义务。二代有了这个意识，创富的第一代企业家才会回头看见二代身上的那些早就存在的闪光之处。

创富一代的倔强，实际上是为了掩盖内心的恐惧和虚弱，所以二代要护持好上一代的尊严，过程中可以保留一件寄托上一代情感的象征物，例如创业之初的房产或者工作时用过的重要物件。当他们的精神源泉获得了保护和充分尊重，他们将会积攒力量，重新站立起来去面对眼前的挑战。

总之，二代要让上一代感受到他们身上的企业家精神会持久存续下去，同时那些经营智慧依然是后代继续发展的必备资源，最后，未来无论行业如何变迁，依然需要创富一代给予指导意见。即使依旧艰难，但两代人会有一种并肩作战的感觉。更何况，在逆境中交班能高度历练接班人的抗压能力，同时二代通过与上一代共同面对挑战的过程，自身的企业家精神也能被激发出来。

这种状态也容易打动利益相关方，因为二代不再感情用事，谈论问题变得有礼有节，这会赢得所有人的尊重，反而会使事情走向一个更好的结果。否则接班人内心越脆弱，情感表达越尖锐，越容易导致溃败，家族情感也更可能走向破裂。

其实整个过程就是对家族企业二代危机领导力一次极好的现实操练。核心资源是创富的第一代企业家，如果没有利用好，必将全盘皆输，而这点一旦得到突破，其他问题都将迎刃而解。

所以二代如果想成为一个真正值得尊敬的成年人，就需要停止抱怨和指责，真正有能力去看见事实的全部，动用一切力量让家族和企业朝着更好的目标前进。领导力的核心是领导自我，二代必须管理好自己的欲望，心怀他人，才会有人追随。真正的领导者哪怕面对他们的竞争对手、那些真正构成威胁的人，也都会生出尊敬之心。

最后，家族的凝聚力在危机中得到再一次升华，这种真实的教育是传统最好的接续，因为将来二代一定会给家族的第三代、第四代讲述这个故事——关于家族面对困境时团结的重要性以及这会给予个体怎样无穷的力量的故事。

第六章

如何善用企业治理机制
为传承系统服务

企业的所有权、控制权、经营管理权，这三个权力分属不同的职能，与之对应的家族成员的能力模型也不一样。传承是一个持续时间长达十年以上的系统工程，而不是一个时刻。诸如业务模式、情感关系、领导力和精神以及传统的稳健和明晰，这一系列传承要素要在家族系统里来回滚动，才能达到相对成熟的平衡度。

这是每一个想要持续发展、实现代际传承的家族企业必须面对的典型课题。相关因素很多，包括政治经济趋势、行业竞争环境、两代人的关系、下一代的能力模型、经理人的配置情况以及所在产业形态等。关于治理模式有一个常识需要家族企业掌控者了解，即企业的所有权、控制权、经营管理权这三个权力分属不同职能，对应的能力模型也不一样。

权力与能力

所有权是通过掌握公司股权，进而享有公司持续经营的利润，在架构上通常由家族治理委员会这样的最高组织来管理。家族治理委员会承载财富的分配功能，并肩负家族内部关系的协调、家族成员教育和健康发展等一系列事务。

有一些家族成员除了拥有所有权、列席家族治理委员会之外，同时还是企业的董事会成员，拥有企业的控制权。控制权主要以经营班子的任免为核心，也包括对公司战略方向选择的最终决定权。具体到家族企业经营管理层面，就是由首席执行官领导的管理班子来负责公司的发展、运营和利润的获取。

家族与企业关系的核心变量是人力资源的匹配度，下一代人未见得有经营管理企业的意愿和能力，他们可能更乐意从事其他职业。除了意愿与能力，家族人才的去向也有多种可能，例如下一代的女性追随夫君追寻新的事业目标。真实情况不一而足，没有固定模式。

归根结底，这跟企业所处的时代背景、所在产业的周期阶段，还有创始人关于信托计划、治理权的长远思考和安排有很大关系。当产业开始凋微，则必须倚重强大的管理人员来让企业重生，那么这些管理人员的话语权就会很大，这是一个变量。企业缔造者的声誉和社会资本也会影响企业周期的可持续性，通常创始人个人标签越强，董事会和经营管理班子就会更多遵循创始人所奠定的发展基础，在客观上也会延长家族的控制权。

往往从二代开始，家族内部纷争开始成为非常大的变量，第二代和第三代之间、第二代之间、第三代之间开始有了不同的利益诉求。比如，本来某人是董事会主席、拥有企业控制权，但随着事业的发展和产业环境的变化，另一个拥有相对较小股权的家族成员的经营能力逐渐显露了出来，于是他（她）开始想去掌控企业的发展。这有可能导致董事会和经营管理人员之间的混乱，而且这种争斗通常会持续很长时间，特别是当创始人离世以后，高度权威的真空期会让公司元气大伤，甚至造成公司的解体。

十年时间

所以，创始人为未来设定具有法律约束力的文件非常重要，包括还在世的时候就要统管家族治理委员会一段时间，把可预见的问题适当地暴露和预演一遍，为情感和利益的双向发展做出表率和示范。这样即使将来创始人离开，因为提前立好了规矩和架构，后代就会少一些妄念，多一份敬畏心。我反复讲过一个概念，传承不是一个时刻，而是一个过程，至少需要十年时间。因为业务模式、情感关系、领导力和精神的传承，以及传统的稳健和明晰，这些东西必须在整个家族系统里来回滚动，才能达到相对成熟的平衡度，而且企业的经营管理层对此也都要熟知才行。

第一代企业家面临的挑战除了驾驭企业外，还要担负起家族和谐发展的重任，要照顾全家人的利益，公平公正地呵护住家族情感的联结。很多一代企业家在选取接班人的时候，有的会以仁厚为第一标准，因为怕选择一个过于强势和自私的接班人会使家族分裂，仁厚之人更能同时照顾家族成员和企业经理人；有人则会选更能打拼的所谓的能人，以保证企业的可持续发展。这一念之差，就会导致所有权、控制权、经营管理权安排上的变动。

这也是为什么至少需要十年这样一个看起来漫长的传承过程。十年时间，既给家族治理委员会提供成员的情感动力留下了足够空间，也给企业发展和家族成员领导力之间的衔接留下了充裕的时间。第一代企业家需要在年富力强、头脑清醒的时候做出示范和规定，这也是传统缔造的关键时间点。所以传承是个系统工程，不仅仅是一个位置的传递，也不仅是财富的继承，它牵涉家族和企业两个系统对各方利益包括对社会公共价值的照顾。

目前的专业机构很容易过分强调法律以及结构化的重要性，但仅有理性治理这条线是不够的，关键是如何赋予不同治理机构真正的现实意义，所以家族关系动力的建设依然是最重要的事情，建立家训家规，并取得内部的高度认同，传承才会真正有所保障。

第六章

如何理解职业经理人在
传承冲突中的立场

在家族企业的传承过程中，即使出现分歧甚至真真假假的争斗，传承双方都明白，只有企业发展得更好，他们的个人价值才能得到真正的实现。

在韩剧《继承者们》的经典情节里，包含着指导现实中经理人的处事原则。尹载镐坐在酒桌旁，沉着地望向面前年轻的集团总裁。这位上任刚满三年的总裁是董事长的大公子，刚完成公司高管阶层的大调整，以削弱父亲透过老臣们对他的诸多掣肘，也因此即将面临一场由他父亲亲自召集的罢免总裁的临时股东大会。作为集团董事会秘书的尹载镐正在执行这次罢免会议的各项前期工作，而且因为服务企业多年，深受董事长信任，尹载镐还代持了集团相当比例的股权。这部分股权传闻有可能会在会议召开之前，被董事长授权转户给大公子同父异母的二公子，以形成更强的权力制衡。大公子今晚宴请尹载镐，既是为了探听虚实，更是计划不惜以委任他为集团副总裁的许诺来拉拢他。

尹载镐清楚地知道自己已经无可避免地陷入了集团老板父子间的冲突之中，就在几天前，董事长把他叫到家里，严肃地告诉他关于罢免总裁的计划，提出要由尹载镐接任总裁，并同时要求他写好一份随时生效的辞任书。尹载镐明白父子俩都希望他能在这场冲突中，站在自己的一边。但是他更明了因为亲情和血缘，任何一种站队选择都充满风险。

大公子是在三年前父亲突然重病时被紧急任命为总裁的，而年轻的总裁始终对于自己没有实权，只是父亲的傀儡而耿耿于怀。他今晚向父亲的老臣尹载镐发出邀请，实在是因为尹的位置太重要，内心对尹并没有真正的信任。尹载镐端起酒杯，对大公子平静地重复了他前几天和董事长说过的话，"我服务于公司，始终会以公司利益为重"。大公子当然并不满意这样的回答，就连董事长那天也对尹载镐说，"你一直以来在集团没有敌人，但也没有真正的朋友"，似乎也是在提醒尹在立场问题上要有所选择。

职业经理人的本分

当企业进入到代际传承的阶段，在家族企业服务的高管人员大都会面临和尹载镐相似的选择困境。身处传承冲突中的家族企业高管们，一不小心就会成为权力争斗的牺牲品。

第六章

最终那次罢免总裁的股东会议的投票结果让几乎所有人大跌眼镜——大公子赢了。这个结果是董事长亲自和外部股东们事先商议好的,因为父亲的本意就是想通过高压的罢免提案来历练儿子的心性和能力,同时也对儿子施加权威震慑。由于尹载镐选择忠于职守和本分,没有任何从这场权力争斗中获得个人利益的企图,最终赢得了父子俩共同的信任,并被委任为公司副总裁。

尹载镐极好地演绎了一个职业经理人应该如何在家族企业传承冲突中,选择自己的立场,守好自己的本分。他选择忠于自己服务的企业组织,以企业的长远利益为选择的唯一出发点,这种无私避免了自己成为权力争斗的牺牲品。如果我们深度辨析这个选择的底层逻辑,可以清晰地看出其中的智慧。

在家族企业的传承过程中,即使出现分歧甚至真真假假的争斗,传承双方有一个诉求是共同的,那就是要把企业做好。他们都明白只有企业发展得更好,无论作为传方,还是承方,他们的个人价值才能得到真正的实现,权力争斗并不是最终的目标。所以,职业经理人在冲突中选择以企业的利益为重,这其实和传承双方的根本利益是一致的,一旦纷争平复,传承双方恢复到更理性的状态,就会看见并尊重这种选择。

然而,处于纷争的漩涡之中,要做这样的选择必须要在内心做到真正无私,并且需要忍辱负重。因为选择不站队,也意味着阶段性地不被信任和接纳,但也只有这样,作为职业经理人，才能保全人格的独立和完整，并且才能在企业的利益和发展得到保障时，真正贡献自己的职业价值。

形成共识

其实，在当下中国，服务于家族企业的职业经理人面临的挑战更大，因为创业一代的交班历程更为复杂，许多家族企业连基本的治理结构还不完善就已经开始面临交接班的问题。

与此同时，传承是个过程，其中不同阶段，针对财权、人权、战略调整权释放的内涵和节奏也会变化，两代人对于释放的节奏和内涵会有不同期待和认知，经理人对此要足够敏感和清晰。职业经理人要清晰自己的工作是向某个人负责，还是向组织架构中的委员会负责。如果自己不了解，一定要向两代领导人问清楚，并形成共识，否则经理人不知道边界在哪里，进退两难。另外，猜测也会带来疲惫和情绪的积压，有可能会传递给部下，造成公司内部对于代际不和的传言。

专业第三方的力量

经理人的身份，决定了他们很难介入家族事务。第三方专业人员可以在"传承七灯"的关系动力中辨析清楚二代这些感受的来源，找到调整其情绪的方法。让二代明白传承是通过权力的让渡来呈现的,推进过程中,二代的权力边界会逐步放大,对此要有足够的耐心和智慧。专业人员也会为企业高管提供一个相对客观的视角和严守本分的行为建议,为传承过程提供更多的正向动力。

如何看待二代接班后的新权威建立

谷雨时节,杨克彬带着新茶来到我的工作室,我沏茶的工夫,他拿出了公司最新的年报放到我的面前。封面上的老杨和他握着手,还有一行"继往开来的2019"的标题。

就在去年,老杨的突发重疾把儿子杨克彬一下子推上了家族企业的掌门人位置。虽然杨克彬进入企业已经多年,也已经一路成长到了常务副总裁的位置,但是突如其来的交接班进程,还是让他倍感压力。因为进入他们家族担任传承教练已经快两年了,我自然也被老杨委托要帮助杨克彬尽快胜任企业一把手的位置,成为家族企业的新掌控者。

"中锋老师,我父亲的病情稳定了,我也基本掌握了公司的局面,大家是不是都在期待我今年应该有个大的变革?"

"我们去年一直在讨论企业家的仁、智、勇三德,现在

第六章

你也可以尝试从这三个角度去考虑",我指着他面前玻璃杯里的茶水说,"你看,茶叶吸饱水后,开始缓缓下沉,待茶叶落好,通体透彻,水温也正好,就可以喝了"。

杨克彬和许多家族二代一样,都开始进入了接班的实质性阶段,启动因缘或各有不同,但都面临相同的命题:如何在接班后建立自己的新权威?仁、智、勇三德模型是我在传承咨询过程中给二代接班人提供的领导力培养框架,也适合用以思考这个命题。

首先需要辨析的是一个关于新权威建立的错误认知,那就是新的领导人需要马上发动一场轰轰烈烈的变革来彰显自己的能力。我的观点是,在接班初期不要急于变革,逞一时之快很有可能会让自己纠缠在人事的纷争之中,无法真正聚焦在业务的发展上;其次要选择具有象征和普惠意义,并能彰显自己秉承了父辈精神的变革项目,不要贪大,最重要的是要确保变革成功。第一次变革要尽量少地触动既有的利益格局,从而最大限度地减少变革障碍。最终,要通过这样的变革,将企业和家族两个组织内的不同利益和价值观分别统一起来,带领大家继续向前。

在企业内部,面对接班的二代,各层级管理人员通常会担心接班人年轻、冒进、骄傲,担心自己的利益和话语权被忽略或者削减,打破了他们认为第一代开创者所建立的内部平衡。在家族层面,家族成员除了和企业各层级有相似的担心以外,还会多一层对于接班人小家庭会拥有特殊待遇而在未来变得骄横专权的隐忧。

因此，一场秉承第一代企业家精神的可控的变革，将最有利于在企业系统中建立二代接班人的新权威；在家族内部，积极倡导第一代企业家所建立的以家训家规为主要形式的家族文化和价值观，也是非常有效的方法。同时接班人可以积极拜访所处行业的上下游战略合作伙伴，阐述自己接班以后会持续合作的良好意愿。

二代接班人要积极争取企业核心高管和家族核心成员对自己的信任和支持。在这个过程中，要保持谦恭、沉稳的心态，更要展示自己的周全和关切，消弭权威更替过程中大家产生的恐惧和担忧。所谓"慈则勇"，以仁来引领一场有温度的变革，自然会生出无畏的心。

有太多历史案例和当下的现实都显示，接班人容易在变革一事上出现过度补偿的行为。也就是说，接班人在传承事务的漫长等待期，往往会逐步失去耐心，有一种委屈和憋闷感，一旦接班后，就会下意识地以变革的名义进行各种否定过往的行为，由此带来企业发展的迂回波折和家族内部的各种不和谐。

"中锋老师，我想以父亲提出的创新立本的企业价值观设立一个鼓励外部合作伙伴和内部员工一起创新的大奖，上下游企业和每一个员工都可以参与。我打算筹划完备后，在父亲生日那个月份推出，那时候他的身体也恢复得差不多了，应该可以给每一位获奖者颁发奖章，您觉得怎么样？"克斌喝了一口新茶，看着我说。

我微笑着表示，他可以去做方案了。

第七章

先家后业

为什么每个成员的自我实现是整个家族和谐的根本保障

一般来说，个体生命在得到充分尊重的时候，才会主动释放出最大的善意。绝大多数能够把企业做到行业前茅的第一代企业家，他们的高峰体验绝不只来自财富数字的增长，而更多是当内心的热爱被一次次点燃，创造力和自驱力可持续，由此美好的愿景得以一次次实现，并从中收获到了生命的自我实现感。这也是家族成员无论是否接手企业，都必须首先完成的自我探寻。

唯有从热爱出发去做选择，下一代才有可能成为某个领域的杰出人才，这也必然会丰富家族的传统。当家庭成员之间相互尊重和彼此赞美，家族和谐的局面才会自然到来。

一般来说，每一个独立个体在被尊重的时候，才会相对平衡，进而释放出更多善意，这也是家族成员之间避免相互

第七章

伤害的一个保障。

现实中家族企业的二代似乎唯有接班才能荣耀家族，但他们中的不少人感受到的却是深重的迷失感，因为在这些人被赋予责任的时候，他们作为一个独立个体来到世间的使命并没有被认真地检视和挖掘。

创富的第一代企业家从事的事情，不见得就是二代真正的热爱，甚至二代可能很反感，如果不经讨论，就让他们担当接班的责任，不仅对他们本人是灾难，对整个家族也是，因此尊重个人意愿非常重要。人在成年以后，随着眼界的打开、心智的成熟，对自己的认知也会越来越完整。所以，重要问题一定要询问家族成员的意见，并像成年人一样去探讨，而且这个探讨要有一个合适的周期。

不能因为家族企业需要后继有人，二代就必须接班管理这个企业。当然如果他们对运营企业非常有兴趣，就会轻松很多，因为这是他们自己的选择，进入企业以后也容易做出成绩，因为本身有热爱，不需扬鞭自奋蹄；同时，对家族关系也是一种呵护。这一切的根本还是基于对其自由意志的尊重。

拥抱热爱，点燃生命

尊重当事人的个人意志，就是为了让他们的自然人格能支持他们的职业人格。但这在现实中不是一场谈话甚至不是一两年的实践就能弄清楚的，而是一个不断拓宽内在认知边界的过程，要在想象和实践之间来回印证。

创富一代当初也并不见得多喜欢自己做的事情，更多的是为了吃饱穿暖和出人头地，什么赚钱就做什么。当然他们之中有些也比较幸运，譬如一个人手巧做了木工，后面自然延展到家具产业，这就是对他喜好的一个放大，也是自我成长的过程。另外一些企业家，赚了第一桶金后，慢慢改行到他们自己真正喜欢的事情上，同时也创造了更大的财富，这类情况比例也不小。也就是说，在第一代企业家里，真正违背自己内心，只为了赚钱然后还能持续发展的人并不是很多。

自我实现感会让人变得创意喷涌，时常有生命的高峰体验，越活越自在，这种满足感的价值远大于财富本身。而恰恰是这样的动力，才能够创造持续增长的财富，始终抓住市场的本质进而领先于对手。这其中也包括对家族传统的贡献，比如企业家精神里的锲而不舍、勇于突破、高度专注等都是对家族传统的贡献。

认识到这一点，我们就要去探寻二代心中有没有这样的热爱。二代现在有充足的条件去仔细试验和思考，早一点认清自己这一生到底该干什么也是尊重自我生命的表现。

至于财富，创富一代享有完全自由的支配权，可用于创造公共价值，或者扶持经理人持续发展，以及让二代享受高品质的生活。即使想给予下一代财富，也要和他们对话沟通，因为他们不见得想要，财富对他们来说也许是个包袱，他们也可能自认自己没有能力去调配好这样的财富。

潜在破坏者

总结下来，关键在于要放下家族成员是否在企业组织里工作的纠结，也不要执着于财富的分配结构，而是首先要把每位家人当成独立的生命个体，帮助彼此去自我发现，从而认识到更深广的内在需求。在这个前提下，真正的个人选择才能浮出水面，而唯有如此，传统才会日益饱满清晰。

当这种传统的价值逐渐向外部世界释放，将会带着平等和尊重的精神福泽周边，这本身就是在创造公共价值，而财富也成为这份美好价值的杠杆。其所创造的公共价值也将反哺传统和家族，从而使家族的传统得以更好地发扬光大。反之，如果没有对家族成员给予理应有的尊重，那么这既是对这个生命的伤害，也是对家族关系的破坏，最终在某一天，它会集中爆发出来。一旦爆发，家族成员的人格会变得狭隘和尖锐，这种结果看似是因为财富分配不公，实际上是因为他们的真实的生命价值没有得到有效释放。所以，每个家族成员都是系统里关键的一部分，其中的任何一位没得到应有的尊重，都可能演变为一个强有力的破坏者。

有效的家族治理有哪些关键原则

在家族治理过程中,需要时刻清晰家族秩序大于企业秩序的原则,并充分理解财富的创造与分配只是家族传统内涵的注解和演绎。在这种自觉意识的管理下,家族治理委员会将会成为检视家族系统动力健康程度,以及通过清晰的资源界定与支持确保每位成员释放个人最大价值的框架性平台。

通过对家族基本秩序的深刻挖掘和洞察,基于全体成员的共识,家族价值观的提炼才会具备真实的指导性意义。家训家规,不但是家族成员行为规范的权威性指南,更能够通过动态机制之下的各种家族活动的运行,对模糊的家族价值观产生清晰而有力的影响。

在家族治理中,需要时刻清晰家族秩序大于企业秩序的原则。然后,在这种自觉意识的管理下,建立家族治理委员会，每个月份、季度、年终都要检视家族系统动力的健康程度，确保每一位成员得到充分的获得感和成长。唯有如此，家族和企业才能够相互补给能量。现实生活中，大部分人理所当然地认为，只要企业成功了，家族就一定会兴旺昌盛，但它们其实是两个完全不同的系统。

我们的社会文化强调家庭伦理观念，儒家思想所描述的人伦秩序，是影响我们亲情绵延的底层逻辑。所谓的"家务事"处理好了，家族传统才有被开启的可能，第一代企业家的精神财富也才能得以延续。传统的内涵来自家族和企业，它以创富一代的企业家精神为根基，并通过其独特的人格特质进行了具体演绎。在企业完成交接班的过程中，如果家族的新权威并没有随之建立起来，那么传统的缔造就无法完成，而一旦失去了家族传统的护航，二代向第三代的传承过程就会大幅度受阻。与此同时，因为其他的家族成员知道彼此很多的秘密，也非常清楚创富一代的情感软肋之所在，所以一旦他们发起攻击，将会非常致命。

培养二代经营能力的同时，还需要建立家族的文化和秩序。当创富一代依然具备足够的权威时，他们可以去不断汲取家族成员的力量和智慧，提出家训家规供大家商讨，最后以文字的方式沉淀下来。其重要性一点不亚于建立企业的价值观和愿景，但我们大多数的第一代企业家还没来得及去做这件事。

家族价值观的核心意义

接班的二代在成为企业权威的同时，学习如何成为家族权威的过程尤为关键，因为会有不适区的存在。比如创富一代为了平衡家族利益，也许会赋予其他成员在家族事务中更多的话事权，这会对企业新权威造成一定程度上的心理障碍，而关于这个议题的辨析，将会是决定二代能否真正成为家族权威的关键环节。障碍的疏通来自二代对上一代充分的理解，也是再次靠近上一代内心的过程，由此才能对传统精神进行变革和延续，便于第三代学习。

现实中，大部分二代会把个人自我价值实现与家族传承对立起来，但其实这两者是相辅相成的关系。当你把责任放大到一定程度，便推动了家族的向前，也成为自我实现的一部分，而个人的自我实现，往往也会为家族的荣耀做出贡献。这一切的前提在于，两代人不断共同找寻家族所追求的价值观，从企业里拿到的物质成果，一定要用来去助推和发扬家族价值观。第一代企业家之所以能创造这么大的物质财富，很大程度上也正是来源于家族先辈们给予他的价值观支撑，所以现在应该回补给这个家族系统。

践踏了家族价值观的成员，相当于自动放弃了系统中的位置和权力，需要被清理出去，不再享有家族的庇护和利益。当然，如果他们被系统驱逐之后，还愿意重新真实地认同这个系统，那么依然应该给他们被重新接纳的机会。

现实中，家族情感往往会遮蔽真实的认知，以至于评判体系出现偏差，阻碍家族价值观的真正生成，所以才会有家训家规的产生。家训家规对于现实的指导程度，取决于其对家族基本秩序发现的深度。

家训家规的建立，也让成员之间的矛盾不再是个体之间情绪的对立，而是一种统一规则下的意见分歧，大同下的不同声音，反而会对系统的升级和完善产生启发价值，有利于其活跃向前。家训家规的内容代表了传统的核心内涵，而财富的分配原则是它的注解和演绎手段，比如哪部分财富应该服务于公共价值、家族成员实现何等成就会得到奖励或支持等。

通过以上论述，我们可以看出家训家规的重要性，它绝不是专业机构额外赠送的服务所能解决的。家训家规的制定和出台，将会影响家族内可能生成的各种规定，而家族成员所遇到的各类问题，都会以此为基本原则寻找解决路径，最终即使家族权威出现暂时的空缺，家训家规自身也能填补和担负起相当的职能。

二代如何善用与家族
内部成员的关系动力

家族的很多成员参与了创业的过程,所以在传承这件事情上会不由自主地形成站队,理顺家族内部成员关系的核心就是要让它成为传承中有效、正向的力量。如果等家族成员关系出了问题再去解决,代价自然要大得多。与此同时,传承双方的认知差异在对家庭内部成员关系的梳理上也会有所体现,通常表现为企业运营观念的冲突。

为了理顺亲情交错的家族关系,我们会用"传承七灯"提供最为基础的关系动力框架,通过设计多种形式的活动,建立起家族成员关系的管理模块。

蔡思齐为我续上他从老家带回的老茶,望了望窗外正飘着的大片雪花,若有所思。"这次回老家,父亲带我在家族祠堂里祭拜祖先时,我还是觉得没有大哥在旁边有些不妥。

第七章

其实大哥聪明善良、乐于助人，只是敏感了些。我希望他能尽快与父亲和解、更好地相处，也希望张老师能找我大哥好好聊聊。"我细致打量眼前这位 28 岁的年轻人，看他恭敬地坐在那里，满脸的诚意。这让我回忆起一个月前他父亲给我讲过的故事。蔡思齐的大哥小时候，父母初次来到大城市，正值艰难，本来就缺少父亲的陪伴，在学校受同学欺负，回到家又常常受到父亲严厉的斥责。等到父亲事业有了起色，蔡思齐又出生了，抢占了父母不少的注意力。这些都导致了大哥后来的严重叛逆，越来越不愿意和父亲交流。蔡思齐则成长迅速、思虑周密、行动果敢，颇有父亲的风范，长大后在家族企业里也明显更受人尊重。由于蔡思齐的大哥和由奶奶撑腰并在企业担任重要职务的姑姑更为亲近，再加上随父母一起创业的老部下也更为同情大哥，大家族的其他成员开始悄悄站队，致使企业内部动力分散，冲突严重。虽然企业早早就成了年销售额过百亿的行业领袖，但这些年却发展滞缓，并被后进者超越。

所有这些正反映了家族企业的特殊性。家族成员本身在家族企业内部就被视为特殊群体，如不能自觉管理，的确会形成强大的负面动力。常见的就有以下三种：一是家族内部其他成员会依托家族关键成员结成小的团体，钩心斗角，相互伤害；二是其他成员为了个人利益，会在作为父辈的交班人一方和可能的接班人一方之间制造混乱信息，加剧双方的认知差异问题，最终破坏传承事务的正常推进；三是在家族企业内部拉拢企业经理人，破坏企业文化，导致优秀的企业经理人很难立足，影响企业发展。

蔡思齐的父亲也曾尝试过用当下流行的偏重财富分配的家族信托基金，来平衡家族内部成员间的利益。但他很快就发现，这远不能涵盖传承的重要内涵，以家族价值观为导向的家训和这二十多年积累下来的企业家精神，还有更重要的财富创造载体——拥有近万人的庞大企业组织，都至少拥有同等重要的地位。没有精神指导和企业组织的保障，家族信托很难孤立支撑家族情感的有效联结和财富的持续增长。

蔡思齐的父亲意识到他还需要一个第三方机构，和他们家族一起工作，着眼于家族企业传承的整个系统，提供定制式的跟踪服务。我试着给思齐父亲讲述了我提出的"传承七灯"理论。从关系的角度提供系统动力的想法得到了他的认可，于是就有了这次在茶室和思齐的沟通。

我们帮助蔡家成立的家族治理委员会（以下简称"家委会"），除了和家族信托机构及专业律师保持紧密沟通之外，更侧重于家族关系的全面梳理和澄清，整合相关的心理咨询师、培训师、领导力教练、管理咨询公司、专门领域的学者等机构和个人协同作业。作为架构设计者的关系动力公司离家族最近，会和家委会成员共同设计项目进展的秩序和节奏。

我们用"传承七灯"发展出的测评工具对家族企业的七种关系全面检测之后，会利用类似家族晚宴、祠堂教育、家族学堂、家族主题旅行等模块式项目，以共同制定的充分反映家族价值观的家训为指针，统一认识、增加凝聚力、扩展见识以及树立接班人权威,从而全面理顺家族关系,培养新一代家族企业的领导者。

我们以家族晚宴为例来说吧。我们会在测评报告和广泛深入的访谈基础之上,和家委会成员共同拟定当期家族晚宴的主题,随后协助轮值召集人,完成家族晚宴从筹备到现场流程、再到相关文献整理和家族档案建立等全过程的管理。宴后相关成员的跟进及其成果也会和家族现任领导者及轮值主席做相应的沟通,让教练工作持续进行,直至协同其他动力模块,推动相关成果的达成。

定期举办的家族晚宴,使所有家族成员在温暖的亲情氛围中,意识到他们是一个共同的大家族,有着共同的利益追求。也会让不同家庭成员在不断被强调和推崇的家训指导下,结合自己的工作和角色,轮流发表自己的心得,一起推动成员在家族内部以及在企业工作中所要遵循规则的建立及此后的贯彻执行。家族晚宴在增加家族凝聚力的同时,也是发现人才、树立接班人权威的重要场合。接班人可以在这里全面利用"传承七灯"中其他六种关系动力,协助自己完成自我肯定和再认知,寻求家族成员更多的支持,推动家族价值观的全面落地。

譬如,在家委会同意下,接班人可依据不同的主题,定向邀请杰出的同辈、偶像、家族企业重要成员甚至接受过他们帮助也给过他们巨大力量的伙伴来家族晚宴的现场,分享与他们交往过程中的故事和对他们的认识。他们更可以借此机会和平台展示感恩和原谅的力量，为家族其他成员树立榜样。这当然也是一场重要的领导力训练，尤其是自我管理能力和影响他人能力的全面提升。

喝了两泡有些年头的老白茶，我和蔡思齐都感觉温暖了许多。诚意回应我数十个问题的蔡思齐，始终端坐如初，现在看上去轻松了不少。他自己与大哥及其父母，还有祖父母、姑姑的关系得到了较为全面的梳理。他站起身来到茶室的窗边，看到雪小了不少，征求我的意见后，他轻轻打开了一扇窗透了透气。

关上窗，泡上茶，我们接着聊。大约一个半小时之后，蔡思齐决定随后会主动去找大哥和父亲沟通，并希望协助大哥做召集人，主持一次家族晚宴，推动大哥借助这个平台达成和父亲的和解。

之后的半年，并无太多诗意可言，好在经历了无数曲折和煎熬的思齐，还是如愿看见了大哥和父亲在那次家族晚宴的现场第一次拥抱在一起。那次家族晚宴之后近一年的时间，大哥和家族走得越来越近，并向父亲明确表达了支持弟弟作为企业接班人的想法，也积极推动家族其他成员全力支持弟弟的工作。蔡思齐的大哥则选择了自己从小就热爱的行业另行创业，也得到了父亲和家族其他成员的大力支持。

当然，蔡思齐的父亲后来也修改了家族信托计划的部分内容。更重要的是，家族内部成员更为团结，家族企业也逐渐形成了向前发展的正向动力。

第七章

怎样才能让大家庭的气氛
由冷漠变得温暖起来

你需要坚定地成为一个家族的服务者,在这个过程中只是去感受自己的行为,而不把焦点放在对方的反馈上,这就像用手去融化一块坚冰,不对那份冰冷做任何的评价,只是去感受每一次把手放上去的感觉。冰块自然会有自身融化的节奏和周期,当它最后化成一汪水,将会成为洗涤你内心艰苦最有效的源泉。在这个过程中,周围人的情感也会自觉地开始流动,你将会成为此中最大的受益者。一旦你归位,系统内其余的元素自然会回到它应去的运转轨道之上,这会令你在关系处理中生起真正的智慧,这也是管理家族其他成员最为直接和有效的方式。

你必须自己先成为一个服务者,并在这个过程中去感受自身的行为,而不是把焦点放在对方的反应上。第一次也许大家都会不适应,第二次好像还是没有变化,其实那个变化只是还没浮上来，其底层已开始松动，要知道，想改变长时间积累的认知惯性是非常困难的。

也有可能对方的改变会先于你能感受到的外在表现。有时你在内心还没有找到温暖和支撑，而家人却从行为和语言上有了正向回馈，哪怕只是用开玩笑的口吻说："哎哟！最近可以呀，学会给老爹端茶了。"这时如果你用过往的态度来理解，会感觉对方是在嘲讽自己，那就破坏了这一刻的情感流动。实际上，他只是在给自己解嘲而已。父母与子女之间的对话总要有这么一个时刻、一个开端。父辈能够注意到你给他们端茶这件事，本身就证明他们在说话之前，内心已经松动了很长时间，只不过现在才浮上来成为语言。而只有当家人之间的给予和接受一去一返达成互动，才能形成真正的联结。

一直坚持以服务者的身份出现在家庭关系中，不管其他成员的变化如何，这会使你自己越来越柔软，内心也变得充盈起来。你会发现服务本来是给出去，但最后自己的内心却收获了许多，愤怒和烦恼开始减少，深沉的平静和不自主的喜悦发生的频率增加，力量感也就开始涌现。

融化坚冰，成为河流

要记得，一块坚冰不是靠你用热手往上一放就化了。你刚把手搁上去，一定会感觉布满寒气，这就是所谓的"冰冻

第七章

三尺非一日之寒",所以对此要有心理准备。你要尝试把手放到冰上,只是感受它的凉,不要说为什么还这么凉,只是停留在很凉的感受里就对了。手冷了就收回来暖一会,等手热了,然后继续放在冰上,一碰还是很凉,坚持,等手又冷了收回来后接着又放在上面,但这一次你会发现除了冰冷还有其他感受,水开始顺着手流下来了,这意味着冰在融化。然后继续放上去,这一次,手可以放到冰里面,水的流量也变大了,冰面上出现了一个凹槽。你看见但不要评价,这是最重要的,只是停留在感受上。再下一次,你能听见冰裂开的声音,冰裂成了两半,但依然不要评价,只是感受自己手上的感觉。

坚冰会有自己的溶解时间,等你再一次放上去的时候,终于有一块冰直接化成了水,那时喜悦会自然浮上你的心头。当有一天你不小心把手弄脏或是弄伤了,你还选择继续去摸冰,清澈的水会把你的手洗干净,伤口也不会发炎,你就会感受到当初那颗服务的心、给予的热,开始得到回补。

再往后,你会发现水开始变得温暖起来,自己的畏惧感消失,所剩的只有感谢与平和,真挚的情感开始流动起来。所以有去无回的爱并不存在,能量一定是守恒的,只要给出去就一定会回来,这是宇宙法则。

因此在家庭内部,首先要让自己成为有力量给予的人,永远不要索取。大家都在叫喊的时候就会始终困在两岸靠不过去,所以总要有一个人先启动。只要有一个人开始给予,就会触发连锁反应，因为这个系统是有其内在联结的。融冰过程中的强烈体验不是靠理性一点点推导出来的，而是从亲身感受里直接体悟的，所以它会很真实。

当冰成为水，系统内的人去反补你和其他人是一种自然的行为。他们比你当初做的要更为简单、轻松、自如，只是自然流动就好，因为他们已经跟你同步经历了融化的整个过程。于是，不需要那么严格的管理，一些行为就会给周边带来生机，互为滋养，整条河流也就可以开始流动起来。

这个过程最大的受益人是当初最先给予的人，因为你是这个美好过程的引发者，所以最后大家都会和你拥抱在一起。你也是水，所以你会获得整条河流的力量，也就是说你拥有了整个家庭系统的力量。原来你是被分离的，所以你会抗拒，希望有人注意到你，强调自己的存在，但其实浪花只有回归河流才能拥有整条河流的力量。当你融入整条河流，就可以穿过山脉，流过山涧，汇入大海，这样才能跟社会上各种人群建立起良性的关系。

守住本分

每个人可能都有小时候的一些特殊记忆，这些记忆都是他人无心的行为，但却会被自己牢牢记住。个体会慢慢长大，但有些人却还站在过去的时空里，儿时的恐惧或愤怒像一个黑匣子一样留存在内心深处。

第七章

　　如果黑匣子从没被打开过，一旦有相关联的场景出现，便会立刻激发人的恐惧，这种恐惧往往会操纵你，并悄悄影响关键时刻你对自己的认定。就像如果弟弟在学校反复被霸凌，在自我人格建设的关键时期，哥哥又是完全缺位的，那么弟弟一直没有得到过温暖的支持，体验到的始终都是寒冷，这种无力感就会植入他的内心，并且被放大很多倍。后来成长中就算学了再多的知识，他还是无法回望这个部分，因为记忆过于痛苦和深刻。如果有机会让他对着哥哥大声说出来这件事，其实就是直面了这个黑匣子，虽然很难过，但只要看这么一次就能够缓解很多。当然这也是一个关键时刻，哥哥需要陪伴他一起去融解这个冰山，要和他一起回到过去，让光明照入黑暗，从而看见更多真相。也唯有如此，他对光的认知才会正确。这就像看一个哈哈镜，那里面会有千万个重影，但都是虚幻的影子。我们不能像小孩一样把影子信以为真，沉溺在受害者的游戏里不能自拔。

　　成年人的心智就是要对自己的人生负起全部的责任，回到应有的本分里去。和爸妈相处就是儿子（女儿），先别管父母扮演好他们的角色没有，你先要问自己作为儿子（女儿）这个角色扮演好没有；跟自己的孩子相处也是这样，先问自己扮演好父亲（母亲）这个角色没有。

　　因此，关系管理最直接有效的方式就是先管理好自己，做好自己的本分，这就是对关系中另一方最好的管理。只有这样，对方才会自动回到自己应有的位置上，而不是你让对方回去。所以，我说过这样一句话：守住本分就是广修供养。

只是付出真心，不要评判，一旦进入头脑思维定式，智慧会迅速下落，因为智慧是由感受而生的。当你成为河流的时候，你自然就不比较了，因为河流从来不会介意浪花，就像大山不会介意滚石。

从根本上讲，你需要知道，不管此生干什么，你都是一个服务者。权力的大小完全取决于你服务的事情的大小，就像光和影是匹配的。这也是对于本分的另一个理解，就是德要配位。

第七章

在制定家训家规的过程中，最容易出现的误区是什么

　　训辞过度拔高带来的虚轻，以及无法打破家庭问题模式复制的滞重，是制定家训家规中的两大障碍。家训是指导家族当下和未来发展的精神指引。家庭问题模式的复制（参见本书第三章"什么是家庭问题模式的复制"）需要第一代企业家自觉地和其他家庭成员一起进行代际间的阻隔，不让它成为家族价值观传承背后涌动的暗流。

　　深色胡桃木会议桌上，摆着一份装订精致的家训家规，这是姚凯礼的父亲上个月在家族传承工作会议上拿出来讨论的文件。明天是姚家的第二次家训家规讨论会，作为长子，姚凯礼需要提出建设性的修改意见，于是他带着文件来到了我的工作室。"张老师，我父亲准备的这份家训家规几近完美，但我觉得还是实事求是更好，如果我们家现在和未来都

不太有机会做到这些的话，写成家训又有什么意义呢？"

凯礼已经在父亲开创的企业里工作了近五年时间，刚刚被提拔为事业部负责人，进入了公司管理层。刚过而立之年，又是家族里第二代孩子的老大，他始终有着很强的家族意识。"而且，张老师，我也很苦恼自己和父亲的关系，我们常常说不了几句就会争执起来，我发现我和他在一起时，脾气就会变得不容易受控制。小时候一直看到我爸爸和我爷爷争执，那时候我难得见到爸爸在家，所以特别不愿意看到他们两个在饭桌上不欢而散。"凯礼和我说话的声音变轻了，语调却沉重起来。凯礼的一番话道出了传承家训中不可承受的轻与重：训辞过度拔高带来的虚轻，以及无法打破家庭问题模式复制的滞重。

随着家训家规的重要性被越来越多中国第一代民营企业家认识到，我也有机会和服务的财富家族一起探讨如何制定出一部真正有价值和力量的家训家规。作为传承教练，我始终认为家训家规应该由家族全体成员共创出来。第一代企业家回溯过往企业和家族的发展历史，把自己所经历的关于人生、家庭、企业组织，以及与社会的多重关系进行经验总结，而过程中最重要的原则是保持对历史和自我的诚实。虽然大量的经验和体悟需要进行精心提炼，但是却不需要刻意美化或者说刻意拔高。因为家训是家族当下和未来发展的精神指引，只有根植于家族发展历史过程中的那些被第一代创业者真正相信并坚持的思想原则和行动纲领，才会有真正持久的生命力。

第七章

也许是因为企业家都有追求完美的特点，在制定家训家规时，他们往往会出现求全求好的倾向，希望给下一代留下一个大而全的理念和守则。其实，企业家打拼一生所积累起来的真知灼见是最有力量的，而且也更加契合自己家族的精神气质和文化基因。

"张老师，我们公司在二十多年的发展过程中也走过一些弯路，我倒是很愿意听听父亲是怎么及时发现问题，并最终赶上行业发展趋势的，不知道您觉得妥当吗？"凯礼继续提问。我鼓励凯礼在明天的会议上，直接向父亲提出这个建议，在家训家规中增加有关反思和自省的内容。事实上，历史证明成功的家训家规往往是数代人共同生成并逐步完善的，家族里每一代人的人生实践和思考都浓缩其中。家族的创富一代在这方面要有充分的自信，不用担心在二代面前坦诚反思会影响自己的权威，相反，年轻一代看到父辈们锐意进取、不懈完善的精神，只会更为敬佩。

家族创富一代在通过家训家规进行家族治理的过程中，还需要对已经出现代际复制的家庭系统中的问题模式，进行主动自觉的管理。如同凯礼已经发现的他们姚家三代人之间常常无法心平气和进行交流的问题沟通模式，这种问题模式的复制并不会因为家族财富的积累而被自动解决，因此需要第一代企业家自觉地进行代际间的阻隔，不让它成为家族精神和价值观传承背后涌动的暗流。

虽然家族要完成这样的阻隔并非易事，但是在传承教练的带领下，可以一起追溯产生这个问题模式的根源，剖析它对家族相关成员带来的深层心理影响，创建安全的环境来了解各自内心那个没有被照亮的黑暗之处，同时相信这个黑暗曾经是推动第一代企业家改变人生的巨大力量，最重要的是，今天他们已经有充分的能量和成就，已经可以允许自己去接纳这样的缺失。也唯有这样的接纳，才能给第一代企业家带来真正的自洽，从而更为客观地看待与接班人以及其他家族成员的关系，并与之一起制定出更为真实、更具指导意义的家训和家规。

第二天，我邀请姚家的家族成员首先共同回顾了此前家族共识会上的要点，在开放的氛围中，经过充分讨论，完成了家训家规的初步修订，凯礼也如释重负。

第七章

如何看待"家丑不可外扬"的观念

相信不少创富一代企业家对"家丑不可外扬"的观念都有同感,也因此影响了他们及时寻求专业机构帮助的步伐。事实上,在大量中国家族企业面临交接班议题的今天,这个传统的观念需要我们重新审视,以便有更加完整的认识。

首先,由于两代人的成长背景有客观上的巨大差异,导致认知及沟通方式上的不同,存在所谓的"代沟"。这是时代的共同命题,称不上是哪家独有的"家丑"。只是这一代创富的企业家多了巨额财富和作为创富载体的家族企业这些变量。这些变量带来的复杂利益关系放大了"代沟"的严重性,于是矛盾就显得愈加尖锐,给两代人带来的压力也更大。

当然,还有两个显见的因素,也使得创富一代容易产生这样的想法。一是积累财富的过程，也是积累"我是成功人士"这样的自我认知的过程。如果与二代的矛盾及冲突暴露，就意味着创富一代的自我掌控感被打破，甚至是一次自我否定。二是社会对财富家族过度关注带来的舆论压力也很大。不可否认，第一代企业家在辛苦打拼的过程中，对二代先是疏于童年陪伴，然后又不得不面对二代在第一和第二青春期（参见本书第五章中的"如何面对二代的第二青春期现象"）的棘手问题。更何况在家业传承过程中，有些家族还要面对创富一代的婚变，或者二代价值观形成期在国外受教育等的复杂背景，这些对家族企业第一代企业家来说，都是并无经验可借鉴的全新命题。

诸多内外因素都容易促成第一代企业家把代际间的冲突视为"家丑"，也正是因为这样，内心的沮丧和挫败感会更加强烈，并成为深深的隐痛。而另一个事实是，这种心理非但不能藏住矛盾，反而会让冲突不断升级，甚至导致两代人关系的实际破裂，造成彼此间真正的伤害，而且由于问题还涉及企业组织，也因此在一定程度上存在负面影响的外溢，影响企业的正常运转，从而让问题成为真正的"家丑"而广为人知。

所以，第一代企业家需要对所谓"家丑不可外扬"的观念有更全面的认识，放下顾虑并及时邀请具格的专业服务机构介入，对传承中涉及的七大关系（传承双方的关系、与家族其他成员的关系、与内在自我的关系、与家族企业各层级的关系、与偶像的关系、与同辈的关系以及与财富的关系）

做全面测评，尽早发现可能的关系障碍，并由此系统地改善相应的关系动力来解决问题。如果焦点关系障碍已经出现，就更不应该拖延。由于这些机构既有专业能力又负有受托责任和保密义务，故而恰恰是最大可能让"家丑"不外扬的真实力量。

值得指出的是，实际上二代相比第一代企业家往往更为开放，也更有寻求第三方专业力量介入的意识，特别是已进入交接班实际流程的二代，会有一定的决策权。理顺代际间的认知障碍，建立两代人之间紧密的情感联结是解决问题的关键。财富理应是助力，而不该成为障碍。

如何面对家族同辈共同创业的传承难题

"中锋，魏红又想约我见面，她原本觉得企业上市了，应该就能解决她家的问题，但是现在看起来事情好像更加复杂了。"我的合伙人在我们谈及创富的一代企业家同辈共同创业的传承话题时，想到了魏红的再次求助。

魏红在20世纪90年代末期和两位兄长一起创业，最初以商品批发零售为主，后来有了自家工厂，企业里三兄妹的股份均等。2003年公司曾深陷危机，但在大哥的带领下，公司不仅渡过了难关，此后更成功拓展了全国市场，扩张成拥有多品牌的企业集团。2012年，大哥提出企业上市需要有实际控制人，希望提高自己的股份比例。魏红说服了二哥同意一起转让股份，使大哥的持股比例达到了50%，她和二哥分别持有25%的股份。因为魏红负责关键的研发工作，所以继续留在企业，而二哥则以股份转让获得的资金开始了独立再创业。由于资本市场连续多年的上市堰塞湖现象，企业上市时间一拖再拖，又遭遇行业周期性影响，企业增长速度大不如前。虽然企业终于在2018年完成了公司上市，但魏红发现大哥依旧常常处于焦躁不安的情绪中，对于她和二哥也多有抱怨，他尤其无法接受老二因为转让股权获得资金，适时进入房地产行业，取得了个人财富的剧增，于是不时向魏红提出想要再次调整股权比例。随着家族第二代年轻人相继进入家族企业工作，关于企业交接班的敏感问题，魏红的大哥始终只强调自己的控股比例，而对其他问题避而不谈。眼见着三兄妹间可能出现的纷争，魏红真希望能够回到创业之初兄妹同甘共苦的岁月里。

魏红兄妹的情况其实在中国第一代民营企业中比较普遍。创业初期家族同辈齐心协力，在股权结构安排上，常常均等甚至不分彼此，在企业经营中的职责分工，也通常依据个人的性格和能力所长来安排，不分上下。当企业经历过几个发展的关键时期，比如重大机遇、危机等，一代同辈中通常会形成一个自然的内外部权威人物。有些家族会在这些时间节点，将持股比例进行适当的集中，如同魏红的大哥在企业上市前提出的股权转让安排。虽然其他同辈还持有相当比例的企业股权，第一代创业同辈中具备一个权威性的人物，会比那些股权比例相对分散、同辈中权威不突显的家族，更容易就传承事务的安排达成一致。

在家族同辈共同创业的传承案例中，我们也观察到，如果第一代的同辈创业者突然发生健康或者法律上的风险性事项，或者下一代子女的婚姻导致家族内部势能骤变，又或者在家族二代中没有个人能力突出的新一代权威产生，特别是二代新权威不是第一代权威的直系后代，这些情况都会给传承议题带来一系列错综复杂的挑战。而解决这些挑战的关键点是第一代的权威人物始终要保持宽广的心胸和博大的格局。

在传承咨询的实践中，我们通常建议第一代同辈共同创业的家族，对传承进行主动系统的规划，而且需要打好更多提前量，以便一代同辈之间能就企业发展和家族传承尽早达成共识，抓住适当的时机，制定相应的二代接班人的遴选和培养机制。

在传承规划过程中，我们会建议遵循情、理、法的顺序，首先建设家族内部的情感沟通枢纽，通过设计特定的家族集体活动，增进家族内部的日常情感联结，从而构建家族内部的信任基础；其次设立专门的家族治理机构，制定家训家规，建立家族内部理性协商的管理机制；最后借助法律和金融等专业工具，将保障家族长期发展的约定尽可能地制度化，并约束在法律文件的体系里。

第一代同辈共同创业的企业家，有时候会避讳提及所谓的"分家"，实际上，如果能够秉持对创业初心与手足之情的尊重和珍惜，第一代同辈之间通过协商达成共识后，进行资产或者业务的合理拆分,然后相对独立地各自发展,对于长远的代际传承并不一定是坏事。在中国就有诸如希望集团、苏宁张氏兄弟等公司的案例,他们业务分拆后,各自都实现了业务的顺利发展并顺利展开了家族的传承事务。

关于家族同辈共同创业之后的传承命题,另外一个关键点就是尊重事实,不要受外界舆论的影响,尽早直面问题,通过聘请专业第三方,以情为先,情、理、法兼顾地构建健康、正向的家族关系动力和家族治理体系。

"看来,应该让魏红与她哥哥都尽早直面问题,并依循情、理、法的秩序展开工作。"合伙人在我们讨论结束时这么对我说。

如何设计和运营家族公益基金

做公益不仅仅是财富的捐赠,还是大家族持续健康发展的重要力量。因此,在选择公益基金的方向或者专注领域时,第一代企业家首先需要遵循回到原点的原则,让公益事业能够和自己内心产生强大的联结,从而生发出长久的使命感;其次,家族领导者要如同经营企业一样思考并设计家族公益基金的组织架构、运营机制和与之相关的生态环境,更要以企业家精神来领导这个新平台的创建和发展。

被媒体关注多年的比尔·盖茨,虽然曾经在 TED 演讲中为全球性流行疾病的可能暴发大声疾呼,但也不会料到 2020 年春天的新冠病毒会让他和比尔及梅琳达·盖茨基金会引起如此强烈的全球关注。该基金会成立二十多年来,在医疗健康尤其是疫苗科技领域的持续投入,使得它已经和全球最顶尖的疫苗专家和团队建立了合作。在全球疫情肆虐的当下,基金会毅然决定不计成本地全力支持全球研发迅速的

第七章

多家新冠病毒疫苗科研团队，来推进疫苗的快速研发和大规模生产上市。

近年来，国内有越来越多的企业家受到公益事业的感召，开始考虑以家族基金的形式开展更持续的公益或者慈善行动。如何把这件事情做好，一直是我和中国家族企业领导者探讨的话题。作为家族传承教练，我始终认为，公益不仅仅是财富的捐赠，还是支持大家族持续健康发展的重要力量，尤其在代际传承过程中，它有利于家族价值观的形成和发扬，也有利于家族后代健康人格的养成，同时通过积极地回馈社会，也能够为家族企业建立良好的社会声誉和更友好的外部环境。

我经常和企业家说，如果希望像比尔·盖茨那样做好家族公益基金，在选择公益基金的方向或者专注领域时需要遵循回到原点的原则，也就是要让这个公益事业能够和自己内心产生强大的联结，从而生发出长久的使命感。

家族公益或者慈善基金的方向通常涉及教育、医疗健康、艺术文化，以及和家族企业相关联的上下游产业领域。比尔及梅琳达·盖茨基金会同步支持多个新冠疫苗研制项目，不遗余力地支持公共卫生与健康领域的科技进步来拯救生命，进而推进全球范围的公平。这份使命感和当年他创立微软时要以软件技术推动个人电脑普及一样，是盖茨内心深处热情的原动力。这个力量曾敦促他毅然从哈佛辍学创业，同样也推动他在 53 岁时选择从微软公司退休，全职管理比尔及梅琳达·盖茨基金会。

他在家族基金成立伊始,就希望能够身体力行地带动更多人去思考如何解决地球上更广泛人群的生存问题,这样的使命感源自他内心笃信的价值观。中国的万向集团董事长因其事业发家于农业,于是在企业发展壮大之后,创建了立足于解决中国的"三农"问题的万向公益基金。他们都将公益事业与内心的使命感建立了深度联结,这样既保持了从事公益事业所必备的持续性热忱,同时也使得他们在企业家刚强勇猛的个性中增加了可贵的谦逊和同理心,个人的视野和格局也得到了更高层面的扩展。作为家族企业的开创者,这种人格升华和完善对于家族后代有着重大而持久的影响力,也为整个家族的价值观体系奠定了重要基石。

此外,家族领导者要如同经营企业一样思考并设计家族公益基金的组织架构、运营机制和生态环境,更要以企业家精神来领导这个新平台的创建和发展。唯有如此,家族基金会才能吸纳更多的同道和人才不断加盟,保持运营效率,并得到健康持续的发展。同时,我们在实践和研究中也发现,如果家族公益事业的定位和发展能够和所处时代的特征建立深度关联,不仅能给基金会的发展带来更持久的生命力,同时也能更好地反哺家族企业的发展。

中国的许多企业家大都信奉"诚意、正心、修身、齐家、平天下"的君子之道,在家族公益事业的规划和发展上,其实也适用这样的原则:通过和企业家自身人格的深度联结，构建出家族公益基金独有的使命感；以公益基金的形式赋予个人和家族利他和博爱的价值观体系；通过既定的公益方向来推动商业秩序和社会生态的和谐。如此，以使命感和企业家精神来引领家族公益事业发展的中国企业家，也就走在了向善的大道上。

第八章
家族中的女性力量

如何理解和善用第一代女性在传承中的价值

在家族企业传承的过程中,人们一般会将目光过度聚焦在企业的交接班上,而忽略了家族秩序大于企业秩序的根本逻辑。家族秩序中的显性权威如果是第一代男性成员,他们主要负责构建企业秩序,那么隐性权威则是第一代女性,主要负责建立家族成员之间的情感联结,并对第一代男性的重大决策起着至关重要的影响。第一代女性行使影响力的方式,往往隐藏于日常的"絮叨"当中,再加上多数在家族的私人空间内进行,因此极其隐蔽。

如果基于上述逻辑,那么,家族治理委员会这样的议事机构最重大的作用就是把母亲和孩子的情感对话,转移到了一个议事的规则平台上,让情、理、法得以兼顾和平衡。

家族、企业、传承是三个关键词,家族的秩序先于企业的秩序，而传承这件事会对两个秩序同时产生影响。传承是家族传统建立中的关键节点，它在家族和企业系统里都会引起关系上的剧烈变动，这是第一个背景。

第二个背景是，传承是一个过程，而不是一个具体的时刻，所以关系动力需要一段运行时间。

第三个背景是，企业遵循显性的公共规则，因此企业内的传承工作的展开更为具体，并有节奏可循，通常在两代人之间，企业权威的转移会快于家族权威的转移。

以上三个背景的辨析，对于接下来要讲的内容极其重要。

隐蔽的女性影响力

我们谈论家族话题，不能忽略文化的力量，它塑造了人们的认知和行为。在人类的文化中，我们对母亲有着情感上的天然的亲近，无论是观世音菩萨或者是圣母玛利亚，都代表了慈爱的女性形象。我们接下来要谈的是女性的第一种影响力，即母亲对子女的影响力。

今天在中国谈论家族企业传承，更多还是停留在企业层面，因为它有确定的理性规则，如果父亲代表的是现有的企业权威，那么，母亲就是隐性权威。而在家里面是以"情、理、法"为处理事情的主导逻辑，子女们也习惯于在这个系统里，通过"情"来跟母亲建立更加紧密的关系，母亲也倾向于从"情"的角度去看护孩子。

当家族和企业被放在一起,又恰逢传承重大节点,也就是权威发生转移的时候,情、理、法三者会有一个交织阶段。通常女性会扮演"说情者"的角色,就是决定事情的处理方式是否首先合乎于情。不知不觉中,第一代权威就已经受到了女性的影响(这是第二种影响力),她不是强制说服,而是今天饭桌上说两句,晚上睡觉时提一嘴,走亲戚的时候再说上几句,二代带着孩子来家里时,她对着(外)孙子、(外)孙女也会说上几句。这些场景都是日常的琐碎瞬间,但她们的影响力是潜移默化的,就像在不知不觉中,干燥的石头就已经潮湿了。

这种影响力极其隐蔽,首先因为其形式并不尖锐和突兀,其次是在家里的私人空间里说情,不太容易被发现。由于第一代女性有较多时间与第三代相处,她和家人相处的日常以及讲述家族故事的内容和方式,也会对第三代产生难以估量的影响(这是第三种影响力)。也是从这个角度上,我们可以看出家族第一代女性对家风的建设起着至关重要的作用。

面对靠近她的家族后代,母亲声称要尽己所能地一碗水端平,但事实上又确实有个人偏好的存在,比如最小的孩子,有时候跟其他孩子年龄差别较大,往往是第一代女性在某个阶段重大的心理依托,因此得到偏爱。

这个时候,在年龄较大的孩子里,有人已经在个人能力和为人口碑方面比较突出了,父亲更愿意把权威向他倾斜。正如上文所提到的,母亲会在吃饭时、散步期间、晚上睡觉前一直不停地向父亲吹耳边风,报告她所喜欢的那个孩子的好消息,以此不断建立影响力。在传承的过程中,其他的孩子也会觉察到这个情况,这就会导致孩子之间产生矛盾。如果他们各自成立了小家庭,更多的变量会加入进来,事情将会变得更为复杂。

现实中的绝大多数家族女性是无法正式坐到议事桌子前探讨问题的,就算有机会,也是被要求在关键时刻积极配合,但事实上其隐性权威一直存在。所以家族经常会在向好的局面之下突然冒出一个意外,这背后往往就是母亲在起着决定性的作用。在中国的家族企业中,除了个别的特殊情况,母亲在企业里一般都会占据一定的股份。虽然她不是企业运营的执行人,家族进行重大决策时也并不常听见她的声音,可一旦成员之间发生重大分歧,她的力量就会猛然凸显出来,因此日常对隐性权威的呵护便显得非常重要。

善用第一代女性的影响力

家族治理委员会(简称家委会)这样的议事机构,最重大的作用就是把母亲和孩子的情感对话,转移到了一个议事议理的规则平台上,让"情"充分结合"理"和"法",使得客观上第一代女性的部分影响力被家委会管理。

家委会可以共同商讨一些重大事项，通过约定的规则令各种利益诉求公开和平衡化，比如建立医疗、健康、教育基金，让后代都能够充分享用家族的力量。"理"就是以家族价值观为核心内容的家训，"法"就是对家族成员进行惩戒和奖励的各种规则。通过科学的议事流程，家族内情感的流动方式得以平衡。当家族和企业的组织秩序开始接近或一致的时候，两个系统相互间的冲突和矛盾就会减少，同时第一代女性的力量得以正常释放，就更有可能成为护卫家族的力量。

共同生成家训家规的过程很重要，要尊重第一代企业家艰苦卓绝的奋斗历程，母亲在回忆和讲述这些故事时，除了扮演共同经历者和创造者这样的角色之外，还会在过程中看见自身的价值和存在感，从而将会获得内心极大的安定。当她被充分尊重和善待之后，其力量便会回哺家族，对家族企业的经营也会有所助益，跟组织规则发生冲突的可能性也将大幅降低。

家族、企业、传承，在充分理解了这三个关键词的基础上，善用第一代女性的力量，就会促进家族传统的开启。传统生成中最关键的节点正是传承，如果说一根竹子是传统，那么其中的每一节就是传承。传承中的关键事件是权威的让渡，由此传统才能不断在变革中延续发展。相反，如果第一代女性的个人意志不断遭受打压，为了表达自己的主张和存在感，她就会以非理性的方式介入家族事务，让成员间的关系动力趋于紊乱，甚至牵连企业秩序陷入矛盾和冲突，这会使得企业权威的让渡过程变得异常复杂，最终破坏和瓦解传承的有序进行。

嫁入财富家族的二代女性如何更好地找到价值感

对于嫁入财富家族的二代女性来说，理解与成全变得尤为重要，理解既指对于家族历史和传统精神特质的认知，也是对于第一代企业家职业人格和自然人格的了解。在这之后，她们升起成全之心，然后就会开始充分吸纳家族系统中的优秀内涵，并创造条件和时机与这个大系统产生协同，从而为真正与这个家族的联结和融合打开全新的空间。

身为家族女性的一员，更要平衡好个人、家族代表、公共社会身份之间的关系，并在其中主动区分"应该"与"喜欢"的边界，对各个身份所关联的行为要有自觉的管理，势能才会不期而至，也才可能创造属于自己的持久幸福。

朱瑞秋是纽约大学最受欢迎的经济学教授，她的博弈论教学常常让学生宛若身处拉斯维加斯的贵宾包房畅享博弈的

第八章

乐趣。理性、睿智、年轻和美貌让朱瑞秋卓然而立,于是当她被男友尼克背后的豪门世族粗暴拒绝并陷入沮丧和愤怒时,这位好莱坞热门电影《摘金奇缘》(Crazy Rich Asians)中的女主人公引发了诸多女性观众的感叹,原来像朱瑞秋这样优秀自信的女性也会因为被动地进入复杂而陌生的豪门家族而倍感无力和迷失。作为喜剧,这部电影的结尾好像落入了现代版灰姑娘的俗套,其实不然。正是因为朱瑞秋看见了尼克的母亲这位家族女性家长在复杂的大家族环境中的不易和脆弱,并给予理解和尊重,让对方也有机会看见了那个懂得爱、懂得成全、坚强又自信的自己,才成功完成了婆媳关系的破冰,获得了尼克母亲的婚姻祝福。

虽说豪门嫁娶始终是好莱坞的经典选题,但作为专注于中国家族企业传承教练的专业工作者,我们还是希望可以支持到现实里像朱瑞秋这样即将或者已经嫁入财富家族的年轻女性,让她们既能完成自我成长和价值实现,又能为财富家族未来的长远发展做出自己的贡献。

我们相信一个家族的和谐发展,首先要立足于每一个家族成员都能够成为真实完整的自己,这一点也适用于嫁入财富家族的二代女性。而现实中她们中的许多人内心都带着一种不安甚至是恐惧,担心自己因为嫁到了一个有着成功光环和强势文化的财富家族中而丢失了自我,尤其是受过良好教育的知识女性,害怕自己会成为一个附属品。她们向往活出自我,期盼和自己的丈夫一起创造出一种全新的家庭模式。这种憧憬具有合理性但也常常带有成见,比如认为上一代的家庭观念是落后的。创富一代在家庭事务上会惯性地复制其在企业中的权威和强势，客观上放大了两代人之间冲突的可能性，也会让当事人将冲突的原因简单归结为家庭背景的巨大差距。其实我们理性分析以后会发现，他们的冲突有些来自不同家庭的文化和行为模式的差异，更多还是来自代际之间的认知差异。

理解与成全

初入财富家族的年轻女性，首先需要做的是放下不安和成见，主动了解家族发展的历史，尤其是家族开创者在家业拓展过程中积淀下来的那种带来家族成功的精神特质。基于这种了解，才能形成一种基础性的认同和接纳。如果把财富家族比喻成一个大苗圃，嫁入其中的女性要寻找到合适的土壤，根植其中，充分吸纳家族系统中的优秀的内涵，创造条件和时机和这个大系统产生协同，开出属于自己的那一朵花。

其次，嫁入财富家族的女性，要了解家长作为成功企业家的职业人格，也要了解他们作为普通家长的自然人格，尤其是他们从自己原生家庭和事业打拼过程中带来的各种缺失。这些暗淡的地方若能被二代女性看见、体恤和照顾，正好可以为作为创富一代的家长更全面地了解和认知自己提供积极的动力，从而为真正地联结和融入家族打开

第八章

全新的空间。即使在面对不可避免的冲突时，也要理性地认知到冲突是更加真切完整地了解对方的重要机会，事实上，理解并成全对方恰恰是自己在关系中走向圆满的必经之路。

电影中的朱瑞秋是因为爱上了尼克才走进了那个豪门望族，而他来自这个家庭，客观上他的许多部分就有这个家的烙印，带有他父母的色彩。一旦二代女性意识到她爱的这个人的不少特质正是接通大家族的路径时，就会增加内心的安定感，少些急躁，以更平和的心态去面对各种可能的差异乃至冲突，而不会因为恐惧去过度防御，甚至去对峙和挑战。

当今国内的财富家族，许多是在最近的四十年里发展起来的，家族中的创富一代刚刚将目光由飞速发展的企业转向家庭，发现自己过往在家庭建设上的疏忽，迫切地想要创建独特的家族文化并使之得到传承。这客观上就给加入家族的二代女性提供了参与家族建设、贡献才智的良好机会，也正是这一点可以为二代女性在财富家族中获得身份认同提供帮助。

最后，嫁入财富家族的二代女性要善用和家族内部各成员的关系，不要把注意力只是放在家族的核心人物身上。二代女性也可借由传承教练的专业能力，预知嫁入财富家族可能遇到的障碍，一起面对这个融入的过程，更好地为财富家族持久的发展贡献新鲜的力量。

系统中的角色与边界

作为一个强元素进入到已有的系统，要对自己的影响始终保持了解，并且主动去进行思考和斟酌，远离无知和莽撞。与此同时，自己越顾及个人利益，就越得不到系统的照顾，也无法看清家族系统的内在关系动力。年轻人总觉得主动适应会失去自由，但适当妥协永远是一种智慧，就像企业做得越大，越需要妥协，妥协从来都不是软弱的表现。

在现实中，有些女方进入新的家族系统可以得到相当大的作为空间，比如她在金融领域有很强的能力，那么在企业里就可以担任与此特质相关的职务，又或者负责打理家族基金和公益事业，不用担负波动性和风险较大的企业业务，只是去搭建家族的慈善形象。当然，这一切的前提都是要跟创富一代有很好的沟通，这是最重要的事情，对接下来的婚姻幸福和家庭和睦，甚至二代接班都会有重大影响。

假如任何公共事务都不负责，女方只是把自己定义为家庭的一员，也要扮演好太太、儿媳和母亲等家庭角色。从一个单身女孩演变成这些身份需要学习，对此要有敏感和自觉，要清晰地了解自己担负的责任和触及的关系边界都发生了变化。对于新身份里本分的内涵要有所思考，自觉地管理好边界。有时候真实的生活是要做出牺牲的，所谓的和谐也是在双方妥协中步步校正中达成的，不可能所有美好的东西都能轻而易举地得到，不用付出任何代价。

第八章

在具体生活中，典型的挑战往往来自"应该"和"喜欢"之间的对抗。比如参加正式的商务聚会，也许你不喜欢穿高跟鞋和礼服，很讨厌约束，但今天自己是以家族二代女主人的身份去参加的，那么就必须盛装出席，同时要管理好自己在这个过程中的行为举止。这时，放弃个人的"喜欢"遵从身份的"应该"，是为了整个家族的利益考虑。

要维护家族的利益和影响力，就要有强烈的身份边界意识，并且要逐渐掌握管理信息边界的能力，因为财富家族家人的私人信息很容易被公共化，一不小心就可能会对企业、家族和个人声誉带来负面影响。

学会寻找和创建个人和家族之间的边界，个人身份、家族代表以及公共社会身份，这三者要清晰明了，自觉管理与各个身份关联的行为。高度自觉下的反复实践可以帮自己养成新的习惯，举手投足就会变得自然而然了。当"应该"与"喜欢"达到相应的平衡，作为女性成员的影响力和持久的幸福感也才会不期而至。

如何看待家族企业危机中的女性力量

家族困境常常会激发女性的无私和忘我精神。她们常常拼尽全力，显示出超乎想象的勇气和决心。家族女性的多重身份和角色，可以在代际间起到承上启下的作用。

在家族传承咨询的工作中，我经常会给财富家族女性引用美剧《美第奇家族》第一季里康坦西娜的一段故事，她是成功应对家族危机的典范性人物。

刚刚从城外战营奔驰过来的康坦西娜单人策马冲破层层阻碍，直接闯入了执政议事大厅。大厅里，佛罗伦萨的大公和议员们正在讨论这个城邦里最重要的家族掌门人的生死问题。因为这个议事厅自古以来不允许女人踏入半步，于是面对闯入的康坦西娜，满堂哗然。康坦西娜没有下马，她冷静地看着那一群污蔑自己丈夫柯西莫犯下叛国罪的家族政敌，坚定地说出了自己的诉求——必须放了柯西莫，不然城外的

第八章

千军万马会开始进攻佛罗伦萨的城池。

贵族出身的康坦西娜自然知道自己是在和整个统治阶层谈判,她如此不顾自身安危地冒险,是因为她遭遇了嫁入美第奇家族二十年来最大的家族危机。几个月前,她的公公、家族开创者乔凡尼在自家葡萄庄园被谋杀。接着,席卷佛罗伦萨的巨大瘟疫让敌对的阿尔比齐家族趁机煽动暴乱,还企图拆毁象征美第奇家族财富和荣耀的巨作——建设中的佛罗伦萨大主教堂的巨大穹顶。在动乱中,家族的银行被市民挤兑,工厂作坊被暴民攻击,最终危机升级,柯西莫被指控背叛上帝和他倾注了毕生心血的城邦,成为佛罗伦萨的公敌。康坦西娜深信,只有救出家族的第二代继承人柯西莫才能让整个家族渡过危机,东山再起,于是她毅然铤而走险。

这部美剧虽然基于对戏剧效果的考虑,并没有完全照搬历史,但美第奇家族在四百多年绵延发展的过程中经历过的重重危机,一定有过之而无不及。在实际的商业社会中,也不乏类似的救企业或者家族于危难中的家族女性故事。她们可能和企业开创者一同打拼,也可能已经退守家庭相夫教子多年,但是面对风雨飘摇的企业,毅然走到了风暴中心,力挽狂澜,守住了家族也保住了企业。

我在研究和实践中发现,女性在冲突剧烈的家族危机中往往可以起到调解、缓冲的作用。她们与生俱来的柔韧性,让她们在艰难和重压下,有着极强的耐受力,如同巨石压迫下的劲草,她们低下了头却并不放弃向上的努力。她们在看清形势后，会更具理性，于是在危机中，她们常常能团结诸多力量，适当妥协并以此赢得解决问题的时间，同时她们也会坚守底线，留出危机后的重生空间。

相比男性，女性的家族观念有时反而更强。危机中的家族困境常常会激发女性的无私和忘我精神。她们常常拼尽全力，显示出超乎想象的勇气和决心。这种无畏的精神常常会感动各种利益相关者，让家族获得危机中最重要的支持性资源。康坦西娜在美第奇家族的这场危机中，放下了自己作为贵族后裔嫁入商人家族多年来不被丈夫爱护的恩怨，极力奔走，协调各方力量；在丈夫被流放他乡时，虽无奈但仍然勇敢地留守佛罗伦萨，打理家族业务，并寻找家族崛起的契机。面对丈夫的不理解、不信任，她选择了隐忍；面对逃亡中失去孩子的儿媳，她宽慰呵护；面对临终的婆婆，她鼓励丈夫和母亲做最后的和解。她为了家族所做的艰苦卓绝的努力，感动了所有人，最终使她成为当之无愧的美第奇家族第二代女主人。

家族企业在传承的过程中可能遭遇的风险通常来自家族和企业两个层面。任何一个家族企业都需要建立清醒的风险意识，绝不能假想一切都会正常顺利。家族层面的风险主要包括，家庭成员尤其是家族开创者身体突然出现重大变故，抑或是家族核心成员出现严重争斗；企业层面风险主要包括，由于外部环境或者市场变化，企业出现重大的经营、财务或法律危机，抑或在企业任职的核心关联个体面临违法或者犯罪风险，等等。

第八章

　　经历过生意场上的起起伏伏，家族企业的开创者们更多地会考虑在经营上建立风险防御体系，在财富上使用信托工具进行防火墙的隔离。然而，针对家族层面的风险进行系统管理，却要从家族治理结构和家族文化建设两方面同时入手。在家族层面，家族女性的多重身份和角色，可以在代际间起到承上启下的作用。另外，女性还可以通过积极参与公益性活动，加强家族企业的社会责任感，提升美誉度，辅助建设和家族企业规模相匹配的各种社会资源体系，而这种建设正是家族企业风险管理的重要部分。

如何理解婚姻中家庭系统的力量

我们选择心仪的对象，其实也选择了对方背后的家庭系统。令我们心仪的对象往往是可以补足我们成长经历中所缺失的部分的人，例如如果早年父母离异，那么我们会更倾向于选择一个来自温暖和睦家庭的伴侣。因此，爱情的吸引力，抛开激情和欣赏，更大的动力往往来自另一半能帮你抵御原生家庭关系中的种种不顺畅。一旦进入婚姻，如果对以上的底层逻辑没有了解，随着两个原生家庭系统靠得越来越近，彼此恐惧或逃离的部分就会被逐步放大，这些创伤无不来自童年的经历和体验，例如害怕再次被抛弃或者是被控制，此刻便会显化在亲密关系里，通过激烈的碰撞和争吵表现出来。

成熟理性的伴侣会感恩并善用家庭系统的力量，以相互支持的方式去面对和穿越彼此的恐惧。对于财富家族，当二代开始这样主动作为，也才有可能把父辈从对二代陪伴缺失的内疚感中解放出来，转化其处理代际关系的态度。由此家族系统得到滋养，并继续保护两代人走向更好的未来。

这里有一个埋藏很深的隐蔽性问题，时常会被年轻人忽略，即我们会不由自主地在伴侣身上寻找自己缺失的部分，而自己与自己的伴侣，此前受影响最多的部分其实都来自原生家庭，所以这个逻辑就是：自己内心缺失的部分，正好会通过对方原生家庭所给予的部分得以释放。

缺失的填补

爱情意识始于青少年时期，个体意识觉醒的重要标志之一就是开始对另一半有所追寻，而另一半往往能帮你抵御原生家庭关系中的种种不顺畅，例如减少与原生家庭的分离感，实现个体的完整性。可是，爱情中强烈的情感吸引和表达可能恰恰遮蔽了上述真实的底层逻辑。

越是在原生家庭的关系里感到不顺，寻找完整感的渴望越是强烈，这恰恰是青少年时期以知识学习为主的群体所忽略的真实挑战，而由于家长和孩子都对这个部分缺乏深入认知的能力，孩子往往会在懵懂中猛烈地跑向对方，接着激烈的情感又会带来挫败感和自我否认，这其实是没有穿越自我缺失之河所带来的自然反馈。

同样的情境一再重复，当事人也许能学会向内看，开始探索内心的秘密。从这个角度看，爱情是一个课堂，对方得不到自己的滋养就会逃离，然后自己就会痛苦，这个过程恰恰是达到最深刻的自我认知的时间点。也许有一天你会发现，对方身上就算是那些最浅层次的特质，都和他们童年的渴求相关。然后，你要么选择走向更加成熟的模式，跟另一半活在安全亲密和自我肯定的状态里，要么任由在原生家庭里面感受到的分裂和不适感持续蔓延。

进入婚姻以后，日常生活才算真正开始，此时，情感的潮水慢慢退去，日复一日的摩擦也日益加剧。更深的理性会逼迫自己去思考，并发现原来自己还是没有摆脱家庭系统的控制，当初两人在一起也是因为背后的系统，而这里面最大的收益正是自我认知的深化。

善用系统的力量

当系统对关系里的当事者产生约束和挑战并发起警示时，挑战在于，当两个来自不同原生家庭的个体进入婚姻尤其生了孩子以后，两人背后的原生家庭系统就会靠得越来越近，彼此恐惧逃离的部分就会通过激烈的碰撞和争吵表现出来。从婚礼开始，双方家长介入的力度和频次就会远远高于恋爱期，很多新人往往还没来得及享受够喜悦，在蜜月期就已开始争吵不休。

所以，你以为自己选择的是心仪的对象，其实你选择的是他（她）背后的家庭系统。接纳了这个事实，成熟理性的人会善用这个系统，认识到当初遇见对方的美好回忆都是真实的，但并不是生活的全部；除此以外还要感谢家庭系统，

第八章

因为能够走在一起，吸引彼此的部分也是原生家庭给予的，那么不如带着感恩的心，以相互支持的力量去面对恐惧。

感恩与回哺

对于财富家族来说，二代的婚姻客观上又增加了一个很大的变量，也就是说，如何把财富的巨大能量当成福音，而不是念成魔咒。我举个简单的例子，第一代企业家在创富过程里，往往对童年时期的二代缺少陪伴，教育方法也相对粗暴，焦虑时刻很多，时常会和伴侣发生争执，这些都是二代所害怕和逃避的记忆。但今天二代作为一个成年人，要利用另一半给的力量去共同面对这份恐惧。

当二代以自己小家庭的样貌开始尊重和爱护这个系统，就会收到爱的回响，上一代自己恐惧的部分也会随之减弱。他们的恐惧也正是来自对二代的内疚，并削弱了他们今天所拥有的成就感，以至于他们自己都会经常摇摆，以自相矛盾的方式来对二代做出所谓的"补偿"。只有当他们看见二代开始懂得感恩，他们才会松弛下来，并感受到来自二代力量的给予和温暖。

这是破除原生家庭黑暗面相对方便却极其有力的方法，既是对二代自身的救赎，也是对整个家族系统的回哺。在这种交融中，二代的情感才会有力量，当然，这也是个体人格成熟的标志，家族系统也才可以支持二代走向更好的未来。

第九章
财富的责任

如何理解财富的责任

财富是一种巨大的能量，蕴藏着太多的智慧。家族企业的延续，表面上看像是某个群体的成就和荣耀的延续，但其实是一种创造公共价值的机制的延续。这正是财富的责任。

去往罗马助选新教皇的路上，坐在马车车厢里的美第奇家族的开创者乔凡尼和大儿子柯西莫有一段对话。谈及佛罗伦萨那座宏伟辉煌的大教堂未完成的巨大穹顶，柯西莫说，如果自己刻苦钻研绘画技巧的话，也许完成它的那个"聪明的后代"就是他本人吧。他的父亲说，那个人可能是你，但不是靠你的绘画技巧，仅靠艺术家或建筑师是无法完成这个任务的，这需要一个拥有巨大财富和权力的人调动一切资源来完成。

我曾在一个家族传承的工作坊上放了这段视频给在座的创富一代看。此前，工作坊的现场展现出三类代表性的关于

第九章

财富传承的情况。一类是，国外大学毕业的二代对第一代企业家创下的财富以及进入家族企业协助父辈继续创富的实践没有兴趣，而是热衷于公益，譬如发起一个组织去非洲做义工；另一类是，二代正在国外名校读博士，表示对哪怕仅仅接手父辈的财富都倍感压力，唯恐自己没有能力处理好这笔财富；还有一类是，二代尚在中学或大学求学阶段，创富一代选择了不如实告知子女自己的真实财富，害怕他们因为知道家里的财富而没有学习的动力。

事实上，这正说明了两代人在财富认知上的巨大差异，更重要的是，两代人都缺少通过有效沟通来达成彼此间的深度了解，并彼此赋能的正确认识。

二代往往更容易感知第一代企业家艰辛创富的过程中对自己陪伴的缺失，却少有机会理解创富一代的经营智慧，也倾向于忽略他们创富过程对家族、员工和社会的贡献。当然，二代往往也很少会深思如何善用财富的力量来更好地实现或者放大自己的个人梦想。这些并不全是二代的错，更多的责任在于上一代缺少沟通的意愿或者有效的方式，包括上面提到的第三类情况，不敢告诉孩子家里的财富，其实是对孩子的不信任，甚至也是一种不自信的表现。

财富是一种巨大的能量，蕴藏着太多的智慧，本不应该成为两代人沟通的障碍。应该善用这一动力，使之成为深度了解对方、构建紧密关系的桥梁。这种代际间深沉的联结感，能给双方带来幸福感，也是人生前行路上的巨大力量。本章开头提到的美第奇家族的开创者乔凡尼，正是借由与儿子柯西莫沟通个人梦想，生动诠释了财富的力量，并传递了强烈的家族责任意识。后来的历史也证明，柯西莫正是借助了家族庞大的财富及影响力，不但完成了建设佛罗伦萨大教堂穹顶的艰巨任务，成全了自己甚至几代佛罗伦萨人的梦想，更以此为传统，几乎以一个家族财富的力量，开创了"文艺复兴"那样伟大的时代。

我也正是基于两代人对于关系认知的差异，以及其中普遍出现的沟通障碍，提出了家族传承关系动力的"传承七灯"理论，其最大的特点是其中的任何一灯都是另外六灯的动力。

如果两代人都能先与各自内在的自我和解，从受害者情结中走出来，就会更有能力、勇气以及意愿去倾听和了解彼此对财富的认知及依据，而不是先就对方立场做纯粹个人主观的假设。如实面对和检讨创富一代的财富给家庭内部其他成员带来的助益或各种可能的代价甚至伤害，正是二代继续前行的基础。引导二代访谈家族企业各层级员工，了解他们随第一代企业家创富历程中见证的智慧和良知、虽经历挫折仍不断超越的企业家精神，以及第一代企业家如何鼓舞和成全了他们的人生梦想，可以帮助二代确认上一代的贡献和荣耀。如果双方都能主动利用各自的同辈和偶像的力量，了解他们的不同故事和选择背后的思考，就可以为他们提供更多的视角去理解各自的立场和心路历程。同时，创富一代需要和二代一起创造机会去深度体验财富的对立面——贫穷，从而增强双方关于财富的力量以及如何善用这种力量的沟通深度。

我们的实践证明，通过一整套基于"传承七灯"的沟通工具，不仅可以完成两代人之间关于财富认识的协同，第一代企业家创富过程里积累的商业智慧也可以更好地被二代认知。最重要的是，这正是两代人深度了解彼此、建立全新沟通模式的过程。双方都可以更开放，更注意倾听，更懂得以尊重为基础来邀请对方帮助自己，把更多的信任放进去，创造更多看见彼此的机会，由此带来家族内部真正的情感联结。

更重要的是，也唯有如此，整个家族才能统一认识，善用财富为社会创造公共价值，所以家族企业的延续表面上看是某个群体的成就和荣耀的延续，但其实是一种创造公共价值的机制的延续。这正是财富的责任。

当然，这也是我们传承教练工作的价值和意义所在，我们肩负的工作就是为了护持好财富的这股力量。

为什么"经历和体验贫穷"是培养完整财富观的重要手段

如果二代不深切地了解财富的对立面——贫穷，就不会真正地了解他们今天所处的位置。"经历和体验贫穷"本身是一种教育方式，最重要的是它还可以疗愈父辈，展示出"原谅"的力量。二代通过切身经历告诉父辈，对那些曾经为难过自己的人，也要心怀感恩，是他们激发了自己，把自己的聪明才智和坚强的精神调动了起来。

初次见吴小京时，正巧他刚开车从安徽山区的一所小学回到上海。他接手公司后设立了一个学校援助计划，那天是他第一次到自己援助的小学，虽然他只在那里待了几个小时，但是他的脸上洋溢着兴奋和成就感。

对一出生就过着充裕物质生活的二代群体来讲，贫穷是一种黑暗，是自己害怕会遭遇的风险。但二代群体未来驾驭

第九章

企业这艘船行驶在市场的海洋里，风雨注定会来。只有深切地了解黑暗，才会知道光明的珍贵，等自己真的陷入黑暗时才不至于束手无策和惶恐不安。更重要的是，他们的上一代往往是白手起家，又往往在走向成功的过程中，经历了很多波折，才练就了今天的英雄气概。

深入地体验贫穷也可以帮二代理解上一代，并更好地与上一代相处。当然，由于二代群体是主动深入贫穷世界的，感受会更直接、纯粹和彻底。

他们会在那里看见更多残酷的现实，了解自己的脆弱和缺失，也看见更多的温暖和力量，拥有敬畏和达观的心态，以及看见那些本就身处其中的人对他们的包容和接纳。并进一步认识到什么是真正的意志力、什么是没有资源创造资源、什么是冒险等这些企业家精神里的核心内涵。只有真切地体验到这些精神的力量，才会倍加珍惜，同时会更加体恤那些和他们一起待在黑暗中的人，也才能有机会看到这些人是多么的善良而有力量，以及爱和希望、原谅和感恩在心中被点亮是一种什么感觉，于是便能够平和地看待世界，由此带来悲悯和同情心恰恰可以用来疗愈创富的第一代企业家在成功路上遭受的创伤。

这当然不是通常的体验活动所能完成的使命。事实上，无论是在和吴小京还是和其父母的沟通中，当我提出让小京作为支教老师深入山区小学至少三个月的建议时，都受到了质疑。父母甚至认为，相比在那里三个月，带孩子和银行家多吃几次饭更为重要,更不舍得让小京受这个苦。后来,全家人了解到,去山区肤浅地走过场更像是一场虚荣的自我心理满足,并不能产生持续的深层的影响,反而会助长其骄傲情绪,这才同意让吴小京深入一个山区小学支教三个月,当然,这期间会有我们专业人员的持续跟踪和督导作为保障。

经过和小京父母沟通,他们共同决定设立更为切实的慈善计划,并由小京亲自负责实施。经过小京在公司的宣传,公司不少经理人和员工,包括在企业任职的家族成员都以不同的方式参与了这一计划,也进一步推动了公司价值观的落地,而吴小京在公司的个人声誉也得到了大幅提升。

在这个过程中,通过吴小京寄来的三封长信,也更增进了吴小京父亲对父子关系的再认识。原以为孩子吃不了苦的父母也表示,他们第一次真正体验到了小京给予他们的启发,特别是关于"原谅"的力量。对那些曾经为难过自己的人,也要感恩,正是这些人激发了自己发挥出更大的潜能和独立意志。这对父母也都意识到经历和体验贫穷是一场不可或缺的真实教育,经过这次教育,他们对小京领导家庭企业持续向前的信心也都增加了不少。

再后来,在我们的帮助下,吴小京拜访了他的偶像,一位著名的音乐家。经过多次磋商后,他们共同拟定了一个音乐普及教育的公益计划,并将这个公益计划植入了其家族企业在全国各地的项目中。当然,这个计划也让贫困地区的孩

第九章

子有更多的机会参与其中。

今年秋天,在吴小京以公司总裁的身份去几所著名的大学招聘新员工时,正是这段经历和体验贫穷的故事及其体悟,成了最打动那些年轻人的力量。

如何在传承过程中善用
"与财富的关系"

我讲一个与此主题相关的电影,希望对理解这个问题有所帮助。哈维一路小跑,追上走道里阔步向前的父亲说,"爸爸,我有一个好主意,VVIP 移动加油站"。父亲边习惯性地皱眉边说:"我不会再为你那些昂贵而愚蠢的商业计划买单了,看看,你连加油站的字母都拼错了!"哈维并没有让自己的沮丧持续太久,一个转身他就把父亲要他做的公路招标书交给了下属去应付,自己却和朋友搭上私人飞机继续自己"伟大"的商业筹划去了。直到他的信用卡和手机被冻结、跑车被拖走,哈维才知道因为父亲的商业合伙人卷款出逃,自己必须和父亲、弟弟、妹妹一起逃到偏远的老家以躲避投资人的追诉。

财富顿失逼迫哈维三兄妹不得不分别成了公交驾驶员、银行小职员还有酒吧服务员来维持生活。他们失去了原来的

第九章

朋友圈，跌入底层生活。当他们终于习惯了用自己的双手去重构生活、发现新的友谊和爱情，甚至看见了父亲久违的慈爱和幽默时，他们被突然告知，这一场破产的变故其实是父亲为了教训他们三个过往奢靡不羁的生活而精心设计的戏剧。在惊喜以及错愕之后，哈维三兄妹怀着被欺骗的愤怒，选择继续生活在老宅里而不回家，直到他们各自在自食其力的生活中体会到了父亲的良苦用心。当父亲在哈维的妹妹生日那天带着鲜花来探望他们时，他们一起拥抱了父亲。

这部墨西哥电影《我们是贵族》是我在航班上看到的，当时我正飞往一个家族企业的工作现场。电影中父亲和孩子的困惑甚至痛苦都是我所熟悉的。在我提出的"传承七灯"关系动力体系里，与财富的关系确实是与内在自我、与父辈、与家族成员甚至与同辈关系的重要动力。

电影中的哈维兄妹在突然的"变故"中失去了财富的光环，却照亮了自己的生活，他们发现了各自作为独立的个体到底该怎么生活。他们第一次切实地活在现实里，放弃了虚妄，发现自己原来也拥有坚强、勤奋、善良甚至智慧。因为活在现实里，他们也更能清晰地看见他人。哈维把和自己争抢公交站台还讥讽自己那个"伟大"的 VVIP 加油站项目的小个子变成了合伙人。哈维的妹妹也发现那个从小一起长大、如今陪她找工作、半夜带她去菜场进货，并在面对地痞挑衅时勇敢回击的保姆家的孩子，才是自己爱情的真命天子。他们懂得了，无论身处友情、爱情还是亲情的关系中，只有当自己是独立真实的时候，彼此的关系才会更加可靠。

哈维的父亲是个白手起家的家族第一代企业家，他原本希望用这段企业破产的经历教育在他看来一无是处的孩子们，但是在与孩子们在贫寒生活的朝夕相处中，他第一次发现三个孩子身上的不同问题，都是自己在他们童年失去母亲后，只一味宠溺却疏于真正的关怀与尊重的结果。他发现孩子们虽然有诸多不足，但也都可以有自己的追求。当他开始聆听、开始懂得尊重孩子时，他虽然没有给予他们往日的巨额财富，却赢得了孩子们的爱和坦诚。

孟子说过，"食而弗爱，豕交之也；爱而不敬，兽畜之也"（《孟子·尽心上》）。爱的本质是彼此尊重。对于创富一代来说，只给予二代财富而不尊重对方作为独立个体的成长需求，也是某种意义上的自私，也只有以平等的态度照顾孩子的内心，才能帮助他们找到自我存在的价值感和尊严，代际关系也才能有正向发展的可能。

电影中，年轻的二代在艰难中，也逐步了解到财富的本质，更体会到了财富创造和积聚过程中的诸多不易，更为重要的是，他们发现积累财富并不是生活中唯一重要的目标，自己的快乐和成就感不仅仅来自发现自己可以用双手创造财富，还来自正确地认知自我和他人，来自确认自己可以和他人建立真正的诸如事业合伙人、生活伴侣、父子等重要的亲密关系。

两代人拥有了正确的财富观念，未来的家业传承才可能基于更良好的情感联结和理性分配原则来完成。唯有如此，

第九章

财富才会成为代际之间真正的礼物。

如何帮助年轻的二代更好地认知自我、认知财富,如何帮助两代人之间看见并尊重彼此,是我作为传承教练的职责。事实上,这些年来我有幸得以深入家族企业传承的工作现场,正在设计并丰富"与财富的关系"等定制化服务产品,但愿能帮助中国家族企业做好传承的大业。

企业家如何给孩子钱

这个问题关乎财富观的教育，但基于中国的发展现状，它更贴近于两代人关系内良性对话机制的建立和形成，尤其是以财富作为焦点议题，其实更多是一种共同学习和建构财富认知的过程，也是家族精神资源里不可或缺的关键板块。现实操作的艰难，一方面来自创富的第一代企业家对孩子陪伴缺少的补偿心理，导致其往往过度给予；另一方面，从天而降的财富也会让孩子产生羞耻感或失重感。

以上是相对典型的两种代际心理模式，除此以外，第一代企业家在长期积累财富的过程中，其实并无精力去仔细打量和思考其中的真实意义，这也是为什么两代人共同学习会比自上而下的教育来得更为有效的原因。建立积极的给予和接受机制的前提是相信与尊重，它同时也是代际关系里爱的源泉。唯有基于这两个内涵展开话题探讨，财富才真正有机会给予家族平静和真实的幸福感。

第九章

　　这实际上是一个财富观的教育问题。不管怎么说，创富的第一代企业家都希望财富能成为二代生命里的滋养，成为一种支持他们内在自由与平衡发展的手段，可现实中处理好这个问题的却不是很多。

补偿与失重

　　不少第一代企业家由于创富历程中的艰难，特别是对下一代童年陪伴的缺失，都有自觉不自觉的补偿心理。过度给予财富就是他们最为常用的手段，这种行为在一定程度上反映了一代自己的心理需要，甚至是不自觉的自私。

　　首先要尊重接受者的个人意志，要把已经成年的二代当成拥有独立认知和判断能力的个体，给他们选择的自由；另外，对给予物的内涵彼此要有共识。如果接受东西时没有经过个人意志判断并为之付出足够的精力和心血，当事人往往会有失重感。甚至有些当事者会觉得一切似真非真，像靠不住的巫山，为了验证其真实性，就会有莫名的破坏欲。

　　现实中，作为第一代企业家的父辈在给予孩子财富的同时，会要求孩子像自己一样奋发图强，保持感恩和节俭的习惯，可最后往往是给多少孩子都觉得不够。二代的心理也很矛盾，一方面有来自身为成年人不劳而获的羞耻感，一方面又有使用财富带来的释放感。如果不去破解底层的心理机制，就容易造成无谓的困惑甚至怨恨。譬如，有时候一些二代会说，"你既然把钱都给我了，怎么花是我的事，为什么还要问这么多？"上一代在深感错愕之后，边抱怨边继续给予，由此进入无休止的恶性循环。

创富的第一代企业家纵容式给予背后的心理动机，有的也源于自身童年时期物质的缺失感，同时也想让孩子在未来经得起物质的诱惑，尤其当下一代是女孩时，富养的观念更为常见。另一个极端是，故意隐藏家里的财富，并且拒绝跟孩子探讨财富话题，给予方面也极其克制，原因是怕孩子对家产过分依赖，扼杀自身动力，这些想法其实都没有切中问题的本质。

财富之爱

建立一套积极的给予和接受的机制，必须基于双方的相互尊重。如果公开讨论的过程不存在，那么真实的激励效应也不会产生。财富教育的核心在于共同探讨并生成认知，与其说是创富的一代企业家在教育二代，不如说是共同学习，因为不见得每个创富者都拥有对财富的完整认知。第一代企业家当年没有钱的时候要赶紧挣钱，挣到以后要拿钱去挣更多的钱，在这样一个节奏和循环机制下不停向前，其实几乎没有机会去想财富到底意味着什么。

在这个认知基础上，接受或不接受给予才会有一个双方意志的互动，问题的焦点也会转移，拿或不拿变得不再那么重要。例如，二代认为上一代的创富过程不是自己想要的生活方式，那自己所追求的又是什么？财富在其中可以帮上忙吗？如果可以，那上一代人有关财富的教训是什么？双方借此相互了解并增进两代人的关系。于是，这个议题也就拥有了真正的力量，变成了家族的重要精神资源。

对待任何事物，在清醒和自觉的意愿下进行，就会减少对内心的冲击，并成为一种建设未来生命价值的资源。同时，双方在探讨中能照见彼此内心的真实，譬如，创富一代突然意识到，原以为给钱是爱孩子，但其实是为了弥补自己内心的愧疚。一旦拥有这个认知他们就会有所停顿，并开始仔细检讨是否还要在旧模式里继续。二代在这个过程中也与父母建立起了边界感，并推动自我价值的真正确立。

基于以上所述，我们不难发现，正是在彼此学习和加强对财富认知的过程中，真正的爱发生了。这又一次把我们带回了母题，也就是家族企业传承的实质是两代人的关系，关系里最重要的内涵是爱，而爱最重要的内涵是信任与尊重。如果不去破解这个母题，财富的增长不会带来长久的愉悦，反而会积累更多的压抑和怨恨，最后变成争执和冲突，这当然背离了财富创造者的初衷。

如何看待二代只是习惯了消费和赔钱的社会舆论

首先我们要确认二代对于相关产业的投入是否来自个人梦想，如果是的话，那么这应该受到鼓励，而不是质疑和批判。因为热爱而投入，这本身就是企业家精神中不可或缺的组成部分，同时，唯有真正的热爱才能激发改变现实的创造力，以及赋予自身跌倒后重新站起来的勇气；另外，面对二代这样一个特殊群体，我们必须将其行为纳入创富一代的商业系统里进行长期的考量。真切地靠近和服务过这样的人群，加上长年的深入思考，让我们有机会揭示出其部分的真实面貌，希望能提供一个新的视角供大家参考。

我们不能孤立地看待一件事情，否则听上去很有道理，但离事实会非常遥远而完全无力对现实做出解释。

第九章

梦想驱动

纳斯达克交易所是人类社会对财富高效利用的一个杰出的创想，它是一个梦想平台和发射器。这个平台并没有要求公司必须连续三年盈利才可以上市，它是对创造力的鼓励，是一股推动未来照进现实的动力，是一个让财富发挥更大价值的容器。自成立以来，它确实对推动科技产业的发展起到了非同凡响的作用，也很大程度上影响了诸多产业的投资逻辑。

再好的事情都不完美，不能因为纳斯达克交易所里有不断被摘牌的企业以及破产失败的企业，就去否定梦想所引领的价值。就好像不能因为20世纪90年代互联网的第一轮泡沫，就否定其给商业带来的全新可能。没有试错的过程，也很难想象今天这些以互联网科技为底层逻辑的超大型企业能够拥有如此强劲的发展活力，同时促进了企业组织在形态架构、发展逻辑、资本应用与消费者关系等方面的深刻变革。

二代正是在这种变革背景中成长起来的一批人，身为年轻人，天生会对新鲜事物和梦想敏感，很自然地会成为第一个吃螃蟹的人。譬如一些家族企业的二代对体育和电竞行业的投入，无论在行业先行程度，还是在资金和精力的直接参与度上都是超乎寻常的。如果他们热爱体育和电竞产业，这恰恰是企业家精神的体现。因为热爱而投入才能产生真正的创新，做出真正有质感的企业，甚至实现行业突破，创造出巨大的商业价值。

系统性价值

针对二代创业这个具体问题，有别于一般创业者，另外一个维度的考量也需要纳入其中，因为二代背后还有一个更大的系统和背景。到底创富一代是怎么跟他们对话的？创富一代参与决策和投资的程度如何？两人是否达成过共识？对这些问题，大家也只是在外部猜测和想象，实情是不得而知的。

但这一点其实很关键，比如在整个家族企业集团的发展逻辑里，如果以未来十年为战略阶段来思考的话，这次创业到底扮演的是什么角色？如果你没有进入到它的商业逻辑里面，只是在外妄加评论，这是极其不妥当的。所以，不能泛泛地讲二代习惯了赔钱就不知道赚钱了，而要看他们是在什么系统里赔钱、赔多久，这样去思考才有价值。

当二代心中有巨大的梦想在牵引的时候，就会刺激他们的创造力和感召力，就会有更多的杰出人才追随他们，然后相应的资金和产业合作也会逐步到位，形成合力。

所以，我觉得大家对中国这一批二代都过虑了，放进了太多个人视角的猜想，离现实过于遥远，也严重低估了他们的能力，以及还未被激发出来的巨大潜力。同时，另一个令人痛心的现实是，先别说要求大众去客观感受这群人，哪怕

第九章

只是看见他们身上艰难的人也屈指可数,所以需要有更多人进到这个领域去破解财富家族的困局。这才有了我们今天这本书的内容,我们写书的目的是尽可能地去揭示真实存在的问题,不能说我们一定可以让你看见庐山真面目,但至少可以帮你拨开云雾,瞥见山峰的轮廓。

如何理解二代经济独立与人格独立的关系

在财富家族里,部分二代很容易将财富以及财富带来的势能理解为与上一代的唯一联结,进而在成年后还在不断索取,其本质是对父母的爱的索要。因此,就算自身已具备独立的工作能力,但却并不能让他们彻底找回自己的完整感,他们依然会觉得无力和迷茫。这里二代真正需要做的是,经过沟通,与上一代重建真实的情感联结,看见和接纳创富一代的特质在自己身上的显化,并将其内化为一种推动自己成长的资源,最终去发展出一个独立完整的自己。

Naomi 自小就视爸爸为英雄,在两个弟弟出生之前,爱听爸爸讲故事的 Naomi 甚至有一次在自家庭院里讲出了"爸爸,将来我要超过你"这样的话。两个弟弟的诞生,让 Naomi 觉得父亲重男轻女,但自己求学甚至婚后的经济支持依然来自爸爸,从而让她产生了羞耻感。后来 Naomi 不断

第九章

向小家庭提供财务支持的优越感，也随着她婚姻的破裂而终止。接下来 Naomi 经历了自杀未遂和抑郁症，后来在朋友的帮助下，她去一家保险公司工作谋求经济独立以摆脱伴随自己的羞耻感。工作一年后，Naomi 月收入已达五万元，但她还是选择了离职，同时又被新的恐慌和焦虑包围。现在 Naomi 继续求问的依然是，自己怎么摆脱对父母经济上的依赖及其带来的羞耻感。

Naomi 的羞耻感从现象上来看，来自两点：一是在未成年时期，每次升学这样的关键成长点自己都需要父亲财富的支持；二是在成年后，甚至在婚姻里自己依然需要父母的财务输出。这种羞耻感在本质上是对曾经表示将来要超过父亲的自己的极度不满意。事实上，问题的根本症结恰恰在于，Naomi 把经济独立和人格独立画了等号。

两个弟弟的出生抢占了她最在意的爱的资源，破坏了她与父亲深度的情感联结。特别是在父亲当着她的面对朋友们说"门都没有"，以回应朋友对 Naomi 能不能管住两个弟弟的问题时，Naomi 明确感受到了羞耻感，她的自我存在感和自我价值感也第一次严重受创。Naomi 还曾听父亲告诉朋友说，供 Naomi 读大学的过程，好像是他在读大学而不是 Naomi 在读，这导致后来 Naomi 所理解的与父亲的联结只表现为财富以及财富带来的势能。这个问题延续到了她的小家庭里，Naomi 在婚姻里不断地向父母索取财富以支持小家庭包括丈夫的父母，通过这种施与带来的优越感来平衡掉自己的部分羞耻感。而这背后的真相是，Naomi 通过向父母索要金钱来表达对父母的爱的索要，以此来证明自己在父亲心中的地位，但索要金钱这个举动又和声称要超过父亲的内在自我产生严重冲突，羞耻感没有出口，就转嫁到了前夫身上，她又开始攻击前夫对自己娘家金钱上的依赖，以平衡对自己的极度不满意及价值感的丧失。Naomi 后来从保险公司的辞职，证明了只有经济上的独立并不能彻底找回自己的完整感，依然会觉得无力和迷茫。

Naomi 真正需要的是与爸爸进行沟通，重建与父亲真实的情感联结，让爸爸回归一个单纯父亲的角色，了解支撑父亲成长的人格特质及其所有的付出包括伤痛，当然也包括 Naomi 作为女儿给爸爸带来的喜悦，也进一步了解父亲后来在爱的表达方式上的变化，及其因没有更好地认识女儿的能力而对女儿的各种忽略。当然，确认父亲对自己的爱并没有改变，这一点最为重要。Naomi 也才可以自觉地把父亲那些优秀的人格特质继承下来，内化为一种推动自己成长的资源，最终去发展出一个独立完整的自己。也唯有这样，Naomi 才能经由这一关系动力与内在自我和解，进而完成真正的人格独立。

事实上，重建联结之后的 Naomi 如果去深度检视一下自己，很容易就会发现，客观上自己身上早就有不少爸爸身上的人格特质，只是自己不自知，当然也就从未看重并善加利用。

完成人格独立之后再去看经济独立的议题，才能正确地将其视为一种可能的成长资源，而不是一种压力、一种无能

第九章

的表现。二代最大的认知误区正是简单地把经济独立理解为人格独立的前提。事实证明，没有与父母真实的爱的联结，即使经济独立也无法摆脱孤独感和缺失感，甚至会有严重的不安全感，这样是无法完成人格独立的。

财富支持只是爱的一种表达方式，而不是全部，只是财富本身自带巨大的能量，而且更显而易见罢了。财富支持的方式极易带来障碍也常常被二代的父母误用，并容易造成两代人的认知误差，阻断真实的情感联结。

爱本来是推动自我完整的根本动力，现实中却经常成为破坏的武器，令双方都显得无奈和沮丧。我相信 Naomi 的父母也正处在这种煎熬里。双方都有爱的意愿，就像当 Naomi 自杀未遂，从医院回家的路上看到母亲那种绝望无力的眼神后，自己也很愧疚，只是双方缺乏对真实联结认知的能力，也缺乏用心对话的习惯。

Naomi 能把这个故事真实地写出来公布于众（见微信公众号"大骐言社"），其实已经完成了最重要的一步——面对这个痛苦。这是一切向前的基础。相信 Naomi 一旦明白问题的真实症结，一定有勇气采取新的行动，并借助第三方的专业能力，走出迷茫，这对她自己和她的父母都是个贡献。祝福 Naomi！

如何理解俗话说的"三代出贵族"和"富不过三代"

在物质充分满足的环境中长大,以及由此带来的格局和见识,再加上创富一代的宽容和爱护,为财富家族的第三代的人格注入了诸如平等和尊重等精神内涵,这些因素共同带来了一种可能:第三代在成年后,能够淡定从容地选择人生之热爱。这份自然而然的力量具备极强的号召力,也是第三代身上最为闪光的精神特质。

可是,在现实世界中,"富不过三代"却是常态,这是因为第一代和第二代的关系往往充满冲突和扭曲,因此第三代从小就生活在一个争斗不停、动力关系非常混乱的家庭里。这会造成他们对于财富既充满无限的迷恋,同时也饱含厌恶和逃离感。这种扭曲的财富观,必将导致挥霍无度的生活作风,以此填补内心的自我存在感和亲密关系的空缺。从这个角度来看,传承的有序性和代际关系的和谐

第九章

度意义重大，一旦管理不当，财富将会成为掩埋家族幸福的坟墓。

如果二代和上一代的关系扭曲并滥用财富的力量，那么第三代通常会是一个骄奢淫逸、坐享其成、挥霍无度的败家子，家族自然富不过三代；如果二代把第一代缔造的传统、勇敢的创富历程以及财富与上一代的影响力视为一种正向的能量，两代人共同善用关系动力，一起去自觉地影响第三代，那么第三代就有可能成为所谓的"贵族"。

那么，所谓"三代出贵族"的客观条件是什么呢？

首先从物质层面看，第三代成长于物质充分满足的环境中，对常人看来的奢侈生活，他们采取的都是平视的态度，也因此具备了对财富极强的驾驭能力，这是最浅层的客观条件。

同时，物质的极大丰盈带来了高水平的人脉关系、社会资源以及足够广的见识，这些第三代在日常中都可以随时触碰到。因为创富一代的觉悟和宽容，不管是系统性的或非系统性的，第三代都可以自由地参与慈善或公益事业，他们从小就看见了社会贡献所带来的价值以及获得尊重的意义。这些亲身体验，很容易会内化为他们的人格的多重面向。

而所谓"贵族"恰恰关乎荣誉、尊严、平等，意味着朝向一个人类共同追求的方向去挖掘其中良善的部分，带人去向光明。而这些第三代最有机会看见，因为没有生存焦虑，他们有足够的空间去进行精神层面的求索。如果足够幸运，又恰巧充分理解创富一代开创的传统，甚至参与了传统的缔造、延续了家族传统的精神之光,那么第三代就有机会感受到真正的爱与和谐,并且开始敬畏家庭系统的力量。为此他们也会尊重家族里的每一个人,把传统发扬光大。

基于热爱而不是迫不得已去做事情,这是第三代身上最为闪光的特质,也就是说他们只需要发出光亮,就是最好的回馈祖先和贡献传统的方式。他们的举手投足之间充满自然的松弛感,懂得赋予别人尊严,也懂得爱与平等的真实意义。

如果第三代正好对经营感兴趣,具备经营天赋,那就可以基于其所处的环境为家族企业再创新高,创造新的荣耀和企业发展的里程碑。如果他们的天赋不在经营方面,而是想成为艺术家或科学家,他们依旧可以利用现有的财富为世界贡献美好,然后分享给更多的人。至于企业和财富,他们可以交给更为专业的人才去经营和管理,自己则去创造更大的公共价值。所以,从这个意义上来说,俗话说的"三代出贵族"是有可能的。

家庭问题模式的复制

"富不过三代"这个常见现象,原因在于当事家族第一代和第二代的关系往往充满冲突和扭曲。第三代从小就生活在一个争斗不停、动力关系非常混乱的家庭里,这会造成他们的厌恶和逃离。养尊处优的环境导致他们看待美好的视角也容易被扭曲。比如面对捐赠，他们看到的可能是捐赠者的虚荣，有可能觉得这些行为都是虚妄，只有金钱才真实可靠，结果他们就会开始不断夸大物质的力量，在享受层面超越祖辈，于是出行都靠私人飞机，买最好的游艇和私人岛屿，拼命想挤到世界上最有权势的人身边，等等，类似的行为无休无止。

可是，越追求这些东西，生命越会显得虚妄和无聊，精神世界空虚，只好不停地加快用物质填充的频率。浮夸的气息还会吸引来唯利是图者，黑暗的能量将聚集在一起并快速分食祖辈的财富。在被人欺骗和利用以后，第三代将更加难以跟身边人构建出信任关系，只能加倍地消耗财富，以对冲空虚和孤独。当二代想控制局面，第三代还会拿出二代当年跟创富一代冲突的故事和场景作为盾牌，以此袭击自己的父母，并摧毁他们的存在感。在这个意义上，所谓"富不过三代"就成为一种可能。

所以，家庭内部的教育永远是最重要的教育，没有任何一种教育可以超越家庭教育的作用。如果家族系统对此缺乏自觉，那么外部教育甚至会起副作用，成为自我伤害而不是自我增益的因素。

无论如何，传承的意义重大，这关乎几代人的福祉。越来越多的财富家族能做好优良传统建设的示范，将会有利于社会商业秩序和生态文明的构建。当然，这也是我们做家族企业传承教练这份工作的意义所在。

第十章
传承教练

什么是家族企业传承教练

对于家族企业成员来说，传承教练是对基于当下的时代背景，在家族企业传承系统中的一个角色的命名，也是第三方服务的一种类型。相比于另两类第三方服务者来讲，传承教练更偏重厘清传承系统中各方内在的关系动力，包括建立自我认知、回应家族情感需求和处理与家族企业经理人之间的关系。相较而言，财富管理机构偏重安排家族企业所创造的财富成果，律师事务所和管理咨询公司偏重厘清企业的治理结构。

服务于家族系统的关系动力

家族企业传承牵扯了太多的情感寄托，而在现实中人员关系的复杂性导致家族成员紧盯权威资源的分配，不同的利

第十章

益格局会强烈影响成员间的情感关系。

因此,传承教练这一角色既要深谙人性,拥有丰富的现代心理学知识和解决实际问题的经验,还要对商业本质有极强的洞察能力,熟知企业治理和运营规律,并同时具备解读所处文化和经济环境以及与传承所涉多个利益关联方进行深度对话的能力。

无论怎么称呼这个角色,家族都需要一个非家族成员来给予意见,这个角色因脱离了家族关系的压迫和粘连性,所以能够显得更为客观和独立。

如今中国的企业家的数量如此之多、社会地位如此之高,作为一个群体创造了这么多的财富,这在中国历史上是第一次。全球一体化也从未如今天这般,让全世界对于商业概念的交流如此即时和通畅。基于这样的时代背景,结合当今社会经济环境的特点,所以我权且借用"教练"这样一个词语来概括我们的职业。

"教练"这个词在商业上的应用开始于20世纪70年代,教练以动态跟进和长期陪伴为主要工作方式。传承教练既专注于助推家族传统的形成和发展,也涉及对家族成员与庞大企业组织本身的关系平衡。

这个角色有两层意思:第一,是要对服务对象进行持续跟进,因为人际关系是动态的,需要不断进行建设,而且变量非常多,牵一发而动全身,所以教练强调的是服务的长期性;第二,教练相信答案就在问题的当事人那里,所以教练会推动当事人去挖掘自己的潜能。在这背后，我们还有一个信念，即家族持续和谐的发展以家族个体成员的自我实现为保障，而自我实现谁都替代不了，只能用教练手法去推动当事人更多了解自己，从而让周边关系动力畅通起来。

创富的第一代企业家拥有开创性人格，他们从无到有地打出了一片天下，而由于成长环境的影响，这一点至少从表面上看与二代的人格基础差异较大，这两种不同人格主体的对话需要传承教练的深度参与和陪伴。

传承教练是家族企业第三方服务者里离家族最近的，其服务的内容是打通家族企业最底层的关系动力，因为创造财富的最终目的还是要让家族幸福和睦。

第十章

中国家族企业为什么需要传承教练服务

　　企业家的核心能力之一就是，发现并适时利用资源，可以说企业家是最善于使用资源服务于目标的人。

　　按熟悉度、接受度、敏感度和使用经验来讲，企业家最容易接受的就是财富管理服务。为此，保险公司、信托公司、会计师事务所、私人银行等机构会从不同领域介入并展开工作。这些机构所使用的知识体系是相对稳定的，规则是清晰的，考验主要来自谁更能满足客户的财富配置偏好，谁更善于针对财富家族的具体情况，提供组合式的方案。

　　家族企业的治理机制也需要第三方支持，用以厘清经营权、控制权和所有权之间的关系。定制化方案会在细节上有所不同，但结构本身的设定并不复杂，难的是结合家族企业当下的发展模型、所在行业的竞争环境，以及企业家对未来的预判和所在的传承阶段，生成真正的个性化服务内容。这既要保障企业的稳健有序发展，同时还要能够服务于企业传承的系统工程。无论是选择律师事务所，还是会计师事务所，或者管理咨询公司来主导，企业家接纳这样的服务形式都并不困难，剩下的无非是企业家有多大的决心来采纳相应的建议，并付诸行动。

当财富管理和法律事务如火如荼地进行时，对传承教练的客观需求会变得更加显性化。比如当涉及财富分配时，当事家族马上就会发现家族关系里原来潜藏着矛盾，这些矛盾会迅速表现为各种冲突，这种措手不及的障碍会使家族财富配置方案迟迟无法落实。用财富资本直接应对情感资本没想象中那么简单，甚至还有可能加重纠葛，无奈之下动用法律手段解决争端，也只能让问题的严峻性更加凸显。

砍向迷雾的刀

当人心的丰富性被简单化以后，在实际生活中就会遭遇重重阻力，就好像拿刀砍向一团雾，怎么砍都没办法阻挡这团雾继续向你涌来并将你重重包裹。

企业家很擅长企业的经营运作，但相对来说，处理家庭关系是他们的盲点。家族成员在处理家族内部事务时，由于情感压迫性太强，所以很难回到理性的谈判桌上。

第十章

传承教练是懂得倾听的人,而且有能力让当事者开诚布公地倾诉,一旦在这个最薄弱的环节建立了信赖关系,就会去除掉企业家很多的隐痛和孤独感。教练可以共同参与制定家训家规,通过推动情感和理性两条线,增进家族内部成员相互之间真实的了解,最后在理性上达成共识,在情感上相互理解和联结。

总之,家庭关系是家族企业的底层动力,因为无论最后财富和企业怎么传承,最重要的还是让家族关系和谐,让几代人受益,让传统能够真正生成,否则,虽然保住了第一代企业家创下的财富,但是家族四分五裂,或者反过来,家人的情感动力使得创富的机器四分五裂,这都是令人悲伤的事情。

传承教练虽然是靠近家族底层关系的关键角色,甚至可能会进入家族企业担任企业核心高管的领导力教练,但这并不意味着他们可以包揽一切。我们的服务依然聚焦于关系动力的顺畅运转,更多的时候还是要和其他第三方专业机构在相关议题上展开合作,共同服务于有需要的家族企业。

中国家族企业对传承教练的素养有什么特别的要求

中国仅仅用了四十年时间，就创造出了如此大规模的财富群体，从第一代到第二代的传承问题汹涌而至。历史上，财富家族从第一代到第二代的传承都是极为特殊的。而我们现在面临的是如此大规模的财富群体的崛起，以及快速涌来的传承需求。特殊的时代土壤造就了如此突出的议题，这个议题具有极强的难度，它要求家族传承的服务方提供原生性的解决方案，因为大家根本找不到现成的参考模板。

因为牵扯到家族议题，"情"就会变得更加凸显，这是人伦里的基本需要。"法"只是瓜熟蒂落的基本保障，而不应上来就用"法"来切，切不好，"情"就直接破裂了，当人失去了幸福感，向前奔跑的动力也就不复存在。"传承七灯"（参见本书"关键词例解"）理论正是基于这个核心问题提出的，它具备很强的现实解释力，既能解决家庭问题，又能化解企业危机，还可以照看好社会关系。

"传承七灯"在现实中已实践了六个年头，我们用这套体系确实帮助一些当事家族修复了关系。因为必须触碰传承双方内心最深的脆弱和恐惧，所以我们也自然跟服务对象建立了非常深的信赖关系。但我们还是会经常感叹，如果早一点介入，就可以更好地帮助他们。这样步伐就可以更从容，探讨可以更深入，建立机制也可以有一定周期，而不是在危机中去临时做出紧急反应。

传承是一个过程，不是一个时刻。家族企业的两代人与企业各层级以及家族其他成员在不同阶段关系的变化和动力的调整，都需要我们持续跟进。我们会对家族的潜在危机进行预见性分析，包括财富分配的依据，不仅仅要考虑当事者在企业里贡献的大小这一个维度，更要考虑其对家族关系动力的综合影响。当人心得到照顾，问题的复杂度和风险度就会大大降低，对企业的利益格局也会产生正向影响。

传承教练的服务成果如何评定

财富管理和企业治理咨询类的机构交付的通常是有形成果，并且是在已有规则和边界清晰的前提下产生的，而对于传承教练来说，服务效果往往更偏向于无形，具有很大的个体感受性特征，客户满意度几乎可以说是衡量成果的唯一标准。当然，传承教练在具体的服务流程里，也会遵循设定目标、执行动作、整体评估这样的三阶段循环的逻辑，并且会在每一个大小节点以及焦点障碍清除后给出教练报告，同时与委托方充分交流其中的内容和意义，以此不但能够逐步令双方就工作成果达成共识，同时还能做到全流程的有据可依。

这确实是个很大的挑战，因为做传承教练不像做财富管理和企业咨询，后两者有着非常丰富的被验证过的既有规则，整个边界的清晰度是现成的。而传承教练的服务成果和业务交付，具有很大的个体主观性，比如说某些尖锐又隐蔽

第十章

的关系中的隐蔽的危险变量有没有被发现并且移除、关系的本质有没有变化，只有客户自己知道，不是靠给个报告来证明，也不是靠某个第三方出来评估一下就能说明白的，而是要依据当事人的切身感受来判断。

我们的服务过程是三个阶段的循环。一开始会对当事家族进行一系列的测评和评估，譬如现在的家庭关系如何、家族成员与企业的关系状态如何，我们会对当下的状况进行定性和定量的描述，并与当事家族进行深度探讨和沟通，最终形成一致的意见，并确定开展后续工作的方向。

然后开始进入第二个阶段，即执行阶段。接着对执行阶段成果进行评估，并生成一份评估报告，这是第三阶段。这三个阶段的循环周期，完全根据家族的具体情况而定。比如确认焦点议题是在两代人之间还是其他成员之间，又或者是与企业高管之间，或是确认这是危机中一个的问题，还是建设关系中的一个步骤。

如果是带有明显挑战性的议题，则以议题得到基本解决为一个周期进行评估，然后再放在整个家族企业传承的大系统里，通过指向未来的建设性部分来研判下一步的进程，包括还有什么遗留问题值得去关注和介入。譬如，有些家族还会邀请我们进入企业为核心高管做一个战略周期的教练，用以协助交接班进程中二代领导力的提升以及组织权威的建立。

总之，在每一个问题的解决过程中都会不断有教练报告生成，直到焦点障碍被清除，这也意味着传承教练会在进程中不断地和当事家族交换意见，由此也能清晰地看出解决问题的逻辑和路径。当过程有据可依，双方也就更容易就工作成果达成共识。

第十章

家族企业的传承教练服务为什么难以普及

传承教练的服务是直接从家族视角切入,衡量成果的第一指标是两代人之间传承的真实有效性,其核心内涵是:传承是否能带来家族的和谐和传统的延续。具体来说就是,家族的创富一代所积累的以价值观和人格基础为核心的家族传统能不能得到延续、几代人之间是否能够团结、家族成员是否幸福。

首先,这些部分事关人性,弹性空间大,通用的规则较少,这就导致企业家不知以何为参照,有一种很强的未知感和不确定感。

其次,企业家一路打拼下来,精力和主要的时间都用在了企业发展和对商业的理解上,而在经营家庭方面普遍存在短板。对家庭问题深度思考的缺乏,以及客观上的经验缺失导致他们对这类议题很敏感,所以传承教练服务往往触碰的正是他们虚弱的地方。

再次,"家丑不可外扬"传统观念的影响。财富完全由企业家主导,能拿出来多少、怎么拿,都有明确清晰的边界,企业组织的治理结构、发展节奏怎么走也是企业家比较擅长的。而家庭里边的信息公开度最低,尤其是一个在事业上取得巨大成就的人,很不愿意让别人了解他(她)在家庭里边的不堪和心结。所谓家丑很容易会被他们认为是对自我能力的否定。这种种的担忧和顾虑,使得企业家对启用外界帮助的意愿度不高,而会选择将此议题拖延和搁置下去。

最后,传承教练并不像财富管理和企业治理,后两类专业服务已经被社会公认,企业家对传承教练的服务方式和内容普遍缺乏认识也增加了第一代企业家的不确定感。

以上四点原因导致家族企业的传承教练服务难以普及,也导致从家族传承的关系动力入手,解决两代人相互认知障碍、以家族和谐为核心诉求和推动力的传承解决方案,容易被回避和忽略。

可事实证明,往往财富配置和企业治理结构都做完了,但现实中企业家依然不快乐,其焦虑大多来源于与家庭成员,尤其是与未来接班人的关系,他们之间甚至发生严重的代际冲突。即使有理性机制的保障,也并不能消除情感上的压迫感,简单地说就是没有让内心运作起来的润滑油,所以一路走下去零部件会不断地掉落,所以家族与企业运转处境

第十章

艰难。

这个需求无比真实而强烈，同时具备普遍性，所以一定会激发更多有识之士来响应。也许将来响应情感关系需求的大多数机构，会从财富管理和企业治理服务者中派生出来，因为他们会更容易真切地发现如此核心的需求却无法被满足的现实。

家族企业传承教练服务这个行业会有一个渐进发展的过程，大概五年后会突然出现很多类似机构，就好像现在中国一下子冒出来很多财富管理机构一样，只是服务的侧重点会因创始人的特质而有所不同。

我们作为这个行业的先行探索者，正在进一步完善理论体系和相关服务产品，譬如，关于新一代企业领导人的领导力培养，我们也有了自己独创的理论体系，并以整个传承系统的关系动力作为参照（参见本书第六章"如何培养家族企业二代的领导力"）。再给我们几年时间，相对完备的各类型家族传承样本也会呈现出来，从而可以为致力于中国家族企业传承大业的后来者提供更多的参照和帮助。

是什么推动你成为一名家族企业传承教练

这一方面来自时代的呼唤，也就是庞大的中国民营企业家群体共同面对着家族传承难题的现状；另一方面则来自我近 20 年身为企业家领导力教练的经验，我深刻了解企业家内心难以言说的隐痛，这也转化成了我的使命感。这群为社会发展做出巨大贡献的人，他们的家庭理应幸福祥和，这成了我个人此生必须回应的时代命题。除此以外，我具有与企业家深度对话的能力、对于商业本质的洞察力、一定的心理学素养以及相当的中国传统文化和人类历史知识。这些都推动我成为一名家族企业传承教练。

我作为改革开放后的第一代企业家的领导力教练，有接近 20 年的经验，深切地了解第一代企业家内心的焦灼和渴望、苦痛和荣光，当然也熟悉他们的语言和行为模式，这让我培养出了极强的手感。另外，在此之前我有十多年的公共关系咨询方面的专业经验,这使我对企业所处的经营环境、政府关系、竞争者关系、消费者关系、媒体关系等都有一定的洞察力,我对于个人和组织的声誉管理也拥有相当丰富的经验。

但更重要的还是强烈的使命感。我觉得为社会做出巨大贡献的企业家这个群体,他们的家庭理应享受欢乐和幸福,但是现在传承事务却给他们带来了太大的困扰。与此同时,很多家族企业的第一代企业家也明确告诉我"传承是企业的第一战略",传承问题是一个必须有人响应的时代命题。

为此,我提出了名为"传承七灯"的家族关系动力学理论(参见本书"关键词例解")。多年以来,经由这套理论体系,我为不同行业的头部家族企业解决了不同类型的传承难题,证明了其具备一定的解释力,这让我更加相信中国式家族传承是一个可被攻破的课题。

我们对客户的服务周期通常至少为三年,而且互动频率很高,也因此,一个个看似的不可能才逐步变为可能,以至于当事人都将其视为"奇迹"。这当然给了我很大的鼓舞,也更坚定了我当初的理想。

但是,我和我的团队不可能有精力服务这么多的家族企业,这也是为什么我们的业务只聚焦在那些最具影响力的家族企业身上。唯有让他们成为家族企业传承的榜样,才能吸引更多人关注这个事情,吸引更多力量介入,从而能够加速推动整个议题的解决,为这个时代的商业秩序和社会生态的和谐做出应有的贡献。

作为一个家族企业的传承教练，如何开展工作

做传承教练最难的部分不是掌握显性的可以习得的技术，而是要具备自身人格层面的涵养，其核心可以概括为诚意。我认为诚意有以下四大内涵：笃定的相信、深度的谦卑、全然的交付、无限的专注。我也一直相信和秉持"有诚意才会有共生"的教练哲学，做传承事务的教练也不例外。

罗根和他的三个孩子围坐在度假别墅的会议室里，对面坐着被邀请来主持这次活动的家族治疗师亚隆·帕菲特。罗根第一个发言："我准备好了面对一场世纪大抱怨，但是我这辈子所做的每一件事，都是为了我的孩子，我知道我犯过错，但我一向想替孩子们做出最好的决定，因为他们对我来说太重要了。"当亚隆问孩子们对罗根发言的感受时，孩子们在支吾中表达了对父亲话语的不相信，他们认为父亲在赶走了肯特（罗根的二儿子）后组织这次聚会，只是为了自己

第十章

的公关需要。罗根勃然大怒，一场由第三方专业力量介入的家族治疗行动也以失败告终。

发生在美剧《继承之战》里的这一幕，引发了我和同事的讨论。从专业技能上看，亚隆的教练式问话和引导并没有问题，他关键的失误在于没有清楚了解委托人罗根召开这次家庭会议的真实意图和目的，就贸然开始工作，导致无法获得所有当事人的尊重和配合，被动地成了罗根控制孩子们的道具。我们认为，在家族咨询的实践过程中，外部顾问和委托人之间必须率先达成以下三个关键共识，并将共识内容列入正式签署的服务协议中，以使未来的工作获得必要的支持。

首先，要明确第三方专业工作者的角色、立场和作用。企业家的特殊地位和权威人格，使得他们会习惯于安排他人的工作，所以必须要让他们理解第三方专业工作者的工作边界。我们不能单方面接受家族中某一个个体的意见，来改变家族利益关联的其他任何一方，因为任何关系的改善必须来自双方。如果只是持续要求单方面的改变，而关系的另一方仍然保持原有的行为模式，那终将导致双方信任的破裂，关系动力的质量甚至会出现严重倒退。

同时需要事先对家族委托人说明的还包括，家族关系动力系统的服务指向的是整个家族。家族整体的和谐与向前发展才是最终目的，否则只是满足了个体一时的情绪快感，最终还是不会贡献家族价值。我们相信，整个家族的向前要基于每一个家族成员都对自己有真实完整的了解，感受到被尊重，并能实现自我价值。我们不能成为家族委托人试图改变孩子的说客。因为大多数二代已经成年，他们会本能地抗拒代表第一代企业家的任何说教。虽然家族中的二代通常会有意愿成为关系改变的引发者，也就是说他们愿意率先改变自己的行为、靠近上一代，但是他们希望随后也能看到上一代的行为改变。如果没有得到响应，二代对于创富的第一代企业家甚至第三方专业人员的信任就会大打折扣，并让关系动力陷入新的困顿之中。

作为家族关系动力的提供者，第三方专业人员真正能提供的是适当的桥梁作用：指出被情绪遮蔽的各方看不见的事实，揭示信息背后的深层逻辑，说出面对特殊家庭角色不能说出的话；同时，基于对家族关系动力的分析，我们会启发当事人去找到有利于家族整体利益的行动路径，但是最终每一个行为还是要由当事人自己来做出决定并执行。

其次，我们要向家族企业委托人说明两个现代心理学的重要发现：第一，个体成年后的自我认知以及在家庭和社会关系中的行为模式，会深受儿时成长经验的影响；第二，家庭作为一个系统，存在着一种纵向的代际复制模式，尤其是家庭系统中较为负面的部分会被复制。通过了解这些心理学的重要发现，家庭关系中的每一个人就会了解自身和对方行为模式的原因，会更有勇气和信心去协同解决问题。

最后，我们需要告知委托人，即使家族成员对关系中的焦点障碍有认知和改变的意愿，并且切实采取了行动，家族关系动力要真正进入良性循环仍然需要较长一段时间。因为家庭系统的问题通常是经年累月形成的，同时由于涉及家庭中的亲密关系，其情感压迫性巨大，家族中的每一个人都需要时间来跳出情绪的纠葛，经由理性来改变认知与行为模式，并反复看见和验证新行为给自己带来的利益和价值，直至将新行为方式巩固为新的行为习惯。这个过程需要第三方持续地参与和工作，不能太过急切。

虽然前期我们需要花费时间和精力和委托人基于上述三个方面达成深度共识，但是只有达成共识，在开展实际工作时，在工作重点、节奏和方式上才会更有协同的效率，第三方专业技能的施展也才能有所保障，类似家庭治疗师亚隆在罗根家族遭遇的失败才可以避免。

接下来，我想结合具体开展工作的场景，深入地谈一谈我的工作经验，供大家参考。我们的工作难就难在它不是一个技巧，而是一门艺术。这需要服务者具备利他的人格基础，并且保持敏锐的觉察力（参见我所写的《企业家教练的自我修养》一书）。

利他人格

企业家的惯性模式就是要求所有问题必须高效解决，并且得出最好的结果，所以，我在项目初期的工作就是快速地让他们看到局面正在好转，达到他们内心的期望，就像地里之前到处都是乱七八糟的禾苗，我得先让他们看见禾苗成行成列，有一个苗圃基本的样子。只有这样，他们才会对我的工作升起信心。一个人有了信心和希望，就会变得安定，安定后才能看见自己，真正的思考才会开始，然后才能有所收获。

我也会告诉他们，现在看到的良好局面，就好像刚整理好的苗圃，还不能急着摘果子，后面还要有大量的除草、翻土、施肥等等一系列持续的工作，但现实中他们心里往往还是宁愿相信已经闻到花香，甚至觉得果子已经可以吃了。结果一尝却是满口酸涩，加上企业中的万千事务又堆积在他们身上，这个时候积压的负面情绪就会被点燃和爆发，而他们能诉说的对象也只有类似我这种角色的人。如果没有真心帮他们解决痛苦的意愿，不具备一颗安忍的心，就会被他们的焦灼带跑。安忍的意思就是要相信对方是个杰出的企业家，虽然他们是问题的当事人，但也是有强大纠偏和执行能力的人。作为教练，要看到他们的苦，并相信他们会调整过来。

面对这种突如其来的压迫感，心态直接影响智慧能不能升起。有时候，企业家的压力和情绪可能来自生意上的其他问题，比如一个很重要的合作谈判失败了，我恰好赶来，面对的就是他们积压的情绪。他们可能会狂风暴雨般地对我咆哮一个小时，指责我的工作毫无效果。身为教练要很清晰地感觉到自己的内心就像一把实木椅子放在一块平地上，非常安稳，我需要做的只是高度平静地看着他们，感受他们咆哮背后的原因。

真正的倾听会让对方安静下来，他们压抑和紧绷的情绪会慢慢地释放出来。而只有在绝对安静的时候，才能看到眼前的人是一个完整的人。这要求教练必须处在高度的自觉中，而一旦进入逃离和对抗的心理状态，就会让整个教练进程陷入泥沼。这当然需要传承教练长期存养利他人格才能做得到。

系统对治与打开时机

关键节点的把握非常重要，但这都基于前面所讲的心态，也就是说要清楚自己正以什么样的身份、在做一件什么样的事情，并且要跟自己反复确认，这是教练的第一专业要求。有了安忍的心态，才能捕捉到对的时机。

企业家的耐心非常有限，他们给教练的时间窗口也极窄。敞开意味着他们承认自己是问题的当事人，而教练是来帮他们解决问题的人，至少可以大幅度帮助他们减轻痛苦。他们会准备好倾听，少一点评判，也拥有尝试的意愿，因为此前试过的很多方法都已经失败了。机会稍纵即逝，这期间要增加工作的密集度，一个是要增加见面的频次，另一个是教练内心对这件事的思考深度要做到念兹在兹。

这是教练能否赢得信任的关键时刻，其中的关键在于教练能否直达企业家的内心，触碰到他们的核心问题。而直达问题的本质会触及他们的病根，会让他们感到很痛，所以我们才会谈到教练工作的分寸、尺度与边界感，而这一部分很难用语言讲述清楚。每一个企业家都有极强的个性，每一个人的问题也各具特点，所以需要充分感受他们的内心。

家族的第一代企业家经过几十年的摸爬滚打，内心已经无比坚硬，却又千疮百孔，最后好不容易站在了社会的聚光灯下，不容易听进去别人的意见是可以理解的。这就要求我们的工作不能只是一个方法，而必须是一套系统，一套持续递进的系统。

教练时机

我一直在反思教练时机和委托议题之间的关系，这涉及用以指导工作的理论体系在具体应用时的弹性和效率。也许一张有故事的餐桌就是进行内在探寻的最好场景，因为个人情感会被自然带入，接着企业家就可以讲述很多家族故事，而讲述家族故事，其实就是企业家深度发现自我以及应对家庭问题模式的最佳路径。

同样是讲述一件事，有了放下防卫并沉浸其中的状态，信息一定会更真实，最重要的是他们愿意把自己暴露在教练面前。再往深一层去辨析，信息的真实性和有效性对内在转

第十章

化的影响，最终都比不上他们以什么样的状态讲这个故事更有价值。为什么对看上去特别严重的事情，他们却如此平静？可对常人看来很小的事情，他们却无比愤怒？也就是说，他们说什么，不如他们如何说以及为什么这样说来得重要。按照这个逻辑，让他们讲述家族故事的切入点是关键，教练必须保持全然专注，一心在此，才会有机会真正打开他们内在的精神世界。

例如父亲给儿子讲爷爷的故事，出发点是想拿故事教育儿子。但他讲述的时候，说着说着会突然意识到自己正用父亲的方式要求眼前自己的儿子。因为讲述者带着情绪，过往的事件让他很不舒服，于是他会不自觉地找父亲的问题，猛然就发现了家庭问题模式复制（参见本书第三章"什么是家庭问题模式的复制"）这一隐蔽却重要的现象。

这就是我们要做的工作，虽然这个课题极其艰难，但如果我们能在恰当的时机把握住机会，问题就有出现转机的可能。

回到故乡

我还喜欢带客户回到他们的故乡，这意味着我有机会去无限靠近一个人的内在，因为故乡包含着所有值得相信的证据。故乡是生养他们的地方，会唤醒他们非常深层的记忆。

回到故乡，因为对周边有着天然的信任，于是他们也就变得不恐慌、无挂碍、自在起来。一自在，人的本来面目，也就是被遮蔽许久的自然人格就会跳出来，更多的未经筛选的信息一下子就呈现了出来。

所以，我们这个工作系统既要把握关键时机，让客户有讲述的兴趣，进而引发他们对内在的探寻，同时还要把听到的内容放到生活场景里去观察和相互印证。例如，他们讲述的故事的版本是否和他们的父母以及祖父母所说的一致？在掌握如此多的真实信息并看见连他们自己都未曾觉察的部分内容之后，我们才能对诸多信息进行有效组合，形成适宜的方案，对治他们长久以来的心病。

撰写家族史也是修复创伤的方法之一。由于企业家的奋斗改写了家族历史，开启了一个新的传统，撰写家族史的过程就成了他们进行自我确认的关键过程。要说明的是，和别人完成这项工作的目的不一样，我们的目的是拿这个去解决问题，同时经由过往，去开启家族真正的未来。我们的重点在于讲述他们内心的出发点，是什么让他们百折不挠地走到今天，又为什么有些恐惧到今天依然没有被消除。

如今家族企业的第一代企业家大多都面临"英雄暮年"的挑战，而人最大的福报就是临终一刻的安宁，所以他们的精神故乡和物理故乡需要高度统一起来，这是对他们一生成就真正的赞颂，否则他们的人生很可能就是个悲剧。所以，我们的重点是要通过了解关系的生成逻辑，找寻他们内在失衡最严重的地方。这需要我们带着无限的专注和笃定的相信悄然进行，在为对方松绑后，依然保持谦卑和奉献的心。能让对方在无意识的情况下，既修复了与内在自我的关系，也成就和温暖了身边人，正是我们作为专业服务者能够获得的最大成就和奖赏。

关键词例解

关键词例解

张中锋三原则

张中锋三原则是本书作者于 2003 年提出的一套解决问题的方法论。三原则的内容是原点、跨界、聚焦。

原点是指,解决任何问题都要先回到问题的原点。回到原点,问题的本质就会呈现出来,让我们找到方向,坚定信念,保证我们做的是正确的事。这也是最为重要的一步。

跨界是指,将两件不同的事物或要素交互联结,产生一种新的景象。跨界可以让正确的事变得精彩起来,并提供真实有效的创新路径。

聚焦是指,基于正确而精彩的交汇点,把注意力和一切可以调动的资源集中起来,持续作业。聚焦可以让正确而精彩的事转化出现实的价值。

传承七灯

传承七灯是本书作者基于中国家族企业传承议题,于 2015 年提出的家族关系动力学理论。传承七灯由认识(论)和方法(论)两部分构成。认识包括两点:一是对家族企业传承本质的认识,二是对传承背景下家族和企业两个范畴中关键关系及其动力机制的认识。基于以上认识的方法也包括两部分：一是用来检测和解决关系焦点障碍的工具箱，二是使用这套工具箱展开工作的传承教练持续跟进和陪伴关系各方的工作方式。

这一理论的生成基于中国儒家学说和西方现代心理学，以及作者本人此前提出的"张中锋三原则"。

传承七灯的核心内容如下所述。

传承的本质是一种关系，是传和承的关系。

传承的双方都要面临的关键关系有以下七种：与内在自我的关系，与传方（承方）的关系，与家族内部其他成员的关系，与企业各层级的关系，与偶像的关系，与同辈人的关系以及与财富的关系。其中，与内在自我的关系是原点，传承主体在其他关系上的表现都是这个关系的投射。同时，这七种关系本身又互为动力。

基于以上认知，用作者独创的测评工具度量关系各方在每一种关系上的质量，找到它们共同的焦点障碍，并以另外几种关系作为动力共同协作，解决问题。

同时，由于家族企业传承是个动态演进的过程，所以理顺这些关系的过程也注定是个动态平衡的过程。这需要传承教练和当事家族一起工作，探索关系检测和解决问题的不同节点与周期，并依序循环作业，从而让关系的总体健康程度升级，最终推动家族企业相关各方实现人格的平衡和完整。

我把这个基于中国家族企业传承的认识（论）及以及相应的工作方法（论），简称为"传承七灯"，寓意当七种关系动力被一一激活时，便如七盏明灯照亮传承之路。

二代

改革开放后创立的民营企业发展至今，绝大部分都由某个家族掌握公司核心的所有权和经营权，按照国际惯例，我们也称这部分民营企业为家族企业。本书把这批企业的创始人以及领导者称为中国家族企业的"第一代企业家"或"创富一代"（有些篇章也简称为"父辈"或"上一代"），把他们的下一代子女称为"二代"。

在中国当下的社会环境中，不但客观上足够庞大的数量让他们成为一个特定的群体，而且经由媒体传播，形成了一些对他们的社会舆论。本书使用这一词汇并无任何褒贬的指向。

另一个需要说明的是，对从创富一代到二代的传承过程的管理是最为关键和艰难的，这个过程也是家族传统生成的关键时期。这一点已为不同时代、不同国家的家族企业传承实践反复证明，加上当今我国的家族企业传承事务绝大部分存在于创富一代与二代之间，所以本书聚焦的议题也以这两代人的传承关系为描述重点。

关键词例解

企业家人格

企业家人格首先是一种职业人格，这与企业家的自然人格相对应。

企业家人格的内涵分为以下四点。其中第一点是最重要的底层动力，并一直推动后面三种内涵不断向前演化。

第一，信念。当企业家身边缺少资源时，最重要的（有时甚至是唯一的）资源就是个人的信念。对企业家来说，哪怕是在黑暗的旷野中，信念也会像火把一样照亮前方。

第二，冒险精神。由于企业家内心有改变现状的强烈信念，因此他们通常并未进行严格的度量和把握，就会迅速全情投入到一件事情当中，这种精神往往也被称为"大胆"或者"开创精神"。

第三，对趋势超常的敏感性。企业家能看见一般人看不到的未被满足的社会需求，并能感受到周期规律在事物背后的运行及其影响。

第四，协同资源的意识和能力。企业家在创业的时候，手里资源永远不够，如果想让个人信念真正落地开花，就必须主动发现和组合身边的所有资源甚至创造资源。

如果把企业家看成完整的个体，那么他们既是企业家，又是自然人。企业家人格是他们职业人格中最为凸显的部分。时间长了，这个部分会给他们的自然人格带来一种不自觉的压迫感。其自然人格里的阴影有可能变成吞噬自己的黑洞，而闪亮的部分也有可能过于耀眼，因此，如何平衡自己的企业家人格和自然人格之间的关系，将会是企业家需要持续面对的现实课题。

公共价值

公共价值相对于个人价值和私域价值而存在，具有规范的公益导向，是公众可以共享的普遍价值。提供公共价值的主体不以营利为最终目的，而是提供可持续的产品或服务，以便更多人可以更好地参与和使用。它一般由国家（国际）公共管理机构直接提供，或者由这些机构所批准的社会团体提供。比如美国的洛克菲勒家族，通过家族的公益基金把开采自然资源赚取的部分利润，回哺给了人类发展共同需要的教育、医疗卫生和艺术事业。

尊重

尊重，作为一个词语，有其语义学上的基本含义，一般是指尊敬和重视。基于本书所涉议题，我在这里重点讲一下尊重在人与人的关系里的现实意义。

尊重是在承认一个事实，这个事实就是对方和你一样需要被肯定。在与对方相处的时候,你要从内心接受对方是一个有价值的独立个体,这是尊重的核心。

尊重不仅与人伦有关,也是能够创造和谐生活的基本要素,比如说尊重房间,就要勤打扫;尊重屋外的花园,就要精心养护。

尊重对方,对方才能被完整地看见。你看见的一切也在凝视着你。不尊重他人,就会把自己逼入死角,陷入孤立和绝望,然后,又觉得世界充满不公。

后　　记

光阴流转，倏忽七年。

从提出"传承七灯"的概念，到七年来切实地深入中国财富家族，和他们一起解决问题，虽然这套工作方法的有效性得到了一定的验证，但这个历程也让我生起了深深的敬畏感，所以对原本计划于2017年就完成的《传承七灯》一书，一直未敢真正动笔。

我想在这个时点，把我这些年的工作经验做个小结，争取对一起走在中国家族企业传承这条路上的同行和面临传承困境的家族有一点启发，同时，也警示自己还要更多地深入这些杰出的家族企业，聆听它们的心声，感知它们的荣耀与艰难，并汲取它们身上的智慧，为它们提供更为有效的服务。

过去七年，我虽然见证了一些被自己服务的家族称为"奇迹"的故事，但是也深感孤独。希望这本书能引来更多的伙伴，也希望有更多的中国家族企业领导者能借助独立的第三方参与家族美好未来的建设，让财富成为幸福的薪火，持续燃烧，不辜负自己艰苦卓绝的奋斗和这个时代。

后　记

　　愿创富的第一代企业家开启一个全新的家族传统，愿参与建设并发扬这个新传统的下一代带着感恩的心展开家族的新篇章，愿这条路上有"传承七灯"相伴护航，也愿体系更为完整、案例更为丰富的《传承七灯》一书能够早日与读者见面。

　　本书第二章中"企业家与子女关系的本质是什么"和第五章中"二代最需要的教育是什么"两节内容，分别取材自《中欧商业评论》的记者刘婕和《家族企业》杂志的记者张子博对我的采访整理，在此对两位的工作一并表示感谢。

　　感谢我的同事 Jessie 和王大骐，他们不但提出了部分问题激发了我的深度思考，也分别对我相应部分的口述内容进行了初步整理。当然，这些部分的内容最后都经过了我本人的详细修订，书中观点自然也都由我本人负责。其中身为财富家族二代的王大骐，根据在我身边工作两年的感受写了一篇名为"空谷足音"的短文。我把它作为附录放在后面，供读者参考，特别是家族企业的二代可以把这篇短文里的故事当作案例来读，并希望对他们有所启发。

　　感谢艺术家宗光武先生为本书创作了艺术作品，并为本书的装帧设计提出了宝贵意见。感谢机械工业出版社的岳占仁、李文静及其同事为本书出版所做的诸多贡献。感谢家人和朋友对我的理解与支持，让我可以安心地投入此项工作。最后，还是要感谢这么多年来，给我信任与机会、让我走进他们家族和企业内部的服务对象，是他们坚定了我为中国家族企业传承这一命题不断求解的信心。

附录

空谷足音

过往十年,我曾去全世界参加不同身心灵大师的课程,花费四年时间书写不同的二代故事(参见拙著《财富的孩子》),制作关于父辈创业历史的纪录片,举办企业家父子组队竞技的高尔夫比赛,邀约几十个二代,亲手写出了他们无人知晓却一直存在的个人心灵故事,发布在我的个人公众号"大骐言社"上。但是,在自己心中扎根许久,也是"二代"这个群体所共有的隐痛却并未消除。

于是,在自己的第三个本命年,我离开了父亲的公司,那个我此前一直想去改造的组织,只身来到了上海,去接近在家族企业传承领域耕耘多年的张中锋老师,并希望看到新的可能性。

在上海见到中锋老师的第一面,我们就从下午三点,一直聊到凌晨五点,在我有限的人生经历里,我从未经历过如此高强度的谈话,而且对方的焦点始终专注在我这个人身上,没有一丝一毫的偏移。他对我,比我对自己还要更感兴趣;他爱护我,比我对自己还要更加爱护;他相信我的潜力,比我对自己还要更加相信。

中锋老师对于提问从来不做任何准备,因为他在这些年的时间里,几乎每天都在思考和解决这个范畴里的问题。他对问题的回答质量,往往取决于提问者内心的焦灼程度,或者说问题的真实程度。

静悄悄,轰隆隆

中锋老师在我来上海之前,以及在我们后来的日常谈话中,一直都反复强调自己的最大担忧,就是担心我把他代入到我自己父亲的角色里。他只说了前半句——"我怕你对我产生抗拒和叛逆",他没有说出口的后半句,是担心我又试图从一个新的权威身上寻求自己生命的答案。

我在过往的成长过程中,一直将父母当作权威,抗拒着他们的安排,沉浸在构建自我的幻想中,却又依赖着父母身上的资源,享受着常人无法获得的便利。如今,这张自相矛盾的遮羞布,终于被狠狠地扯了下来。

"成年人""本分""责任""权威""爱",我开始重新理解这些词的含义,并让它们在自己的身上尽可能透出光来。我也意识到,那些杰出的二代或者第一代企业家,他们的觉醒往往都是因为自己的人生退路被尽数斩断,于是只能将命运的缰绳紧紧地握在自己手上。

爱是完整

在中锋老师提出的"传承七灯"理论里,个体与内在自我的关系是根本，其余六种关系的表现都是它的投射。在上海这两年，我开始面对"自我破碎"的历程，无意识地辨识和捡起地上的一块块碎片，然后再重新把自己拼装起来，毕竟这个世界上没有任何人能替你完成这件事（与内在自我的关系）。

同时，我在父亲身体抱恙时自然地马上飞到他身边，以儿子的身份陪伴他，也开始尝试就部分问题展开两个独立个体之间的对话，并感受到了来自父亲的尊重。我也看到了过往总是对我持否定态度的母亲对整个家庭的爱和她身上的坚韧（与父辈的关系）。我跟关系一直冷漠并相互抗拒的弟弟 30 年来第一次睡在一起，并坦诚地分享了我的内心，还通过他的反馈开始从他的角度理解这个世界，那些克制和理性的特质发出了光亮（与家族内部其他成员的关系）。在家族企业里我曾经的直属领导出院之后，我亲自送上了鲜花，我读懂了他的不容易，也感激他的坚守（与企业各层级的关系）。《佛陀传》和《心经》陪伴我度过了几乎要被黑暗吞噬的那些夜晚，佛陀的故事和教言一直在警醒我不要回到自我欺骗的路上（与偶像的关系）。我精心为发小夫妻安排了一次上海之旅，在他们最困难的时候，让他们积压已久的情绪得到了释放；我还主持了一次企业家父子的对谈活动，过后看见同辈的眼里焕发出了前所未见的光彩，这更加坚定了我投身传承教练事业的决心（与同辈人的关系）。我开始坦诚面对自己靠工资过生活的事实，同时我也主动寻求朋友的财务救助，

后　记

并开始意识到赚钱是世界上最难的事情（与财富的关系）。

以上所述的关系中的转变，或大或小，都是自然而然的结果，甚至如果不是写这篇文章的机缘，我根本不会想到要把它们总结出来，纳入到"传承七灯"的框架里，因为在每个行为发生的那个当下，我只有一种"本该如此"的真实感受。

我曾经非常想成为父亲那样的英雄，去引领和塑造一个行业乃至一种生活方式。我也一直期盼着自己有一天能够顿悟，看穿这个世界的真相和本质，在各种关系里变得游刃有余，令人对自己肃然起敬，顺便改变这个世界。但我现在只想诚实地活在平凡的日常中，与一身的毛病为敌为友，去承受生命中必须付出的代价，也享受那些短暂的喜悦与荣光。

来上海与中锋老师相处的这段时光，是我十年"业余"求索的重要转折点，此后我将以一个专业服务者的身份，与同道一起去面对和解决中国家族企业传承中的难题。

感谢我的父母和妻子像过往一样，允许我以自己的方式去探索自己生命的各种可能，他们相信，成就亲密关系的根本之道正在于，各自都成为真实、完整的自己。